200 Textaufgaben wie in der Schule

Mathematik 1. – 4. Klasse

von

Hans Bergmann
Elena Hauer
Detlev Heuchert
Anke Kaufmann
Dorothee Kühne-Zürn
Andreas Schneider
Katja Schumacher
Renate Teifke
Kirsten Usemann
Katinka Wörwag

Klett Lerntraining

Von den Autoren stammen die Textaufgaben mit folgender Nummerierung:

Hans Bergmann:	160, 170–171, 173–174, 178, 180, 182, 185–186, 188
Hans Bergmann / Renate Teifke:	79, 81, 98, 100, 110, 112, 120, 125
Elena Hauer:	133, 135, 144, 146, 149
Detlev Heuchert:	61–67, 69, 71–74, 76–78, 80, 82–97, 99, 101–102, 104–107, 109, 111, 113–114, 118, 122, 124, 127–132, 134, 136–138, 141–143, 145, 147–148, 150–152, 155–158, 161–163, 165–166, 168–169, 172, 175–177, 179, 181, 183–184, 187, 189, 192–200
Anke Kaufmann:	15–17, 20–21, 24–26, 28, 30, 33, 36–37, 42, 44, 48, 53, 75, 108, 116, 119, 121, 123
Dorothee Kühne-Zürn:	1–4, 6, 7, 11, 13, 22–23, 27, 29, 31–32, 34, 38–41, 43
Andreas Schneider:	18–19, 35, 45–47, 49–52, 54–60
Katja Schumacher:	153–154, 159, 164, 167
Renate Teifke:	5, 8–10, 12, 14
Kirsten Usemann:	68, 70, 103, 115, 117, 126
Katinka Wörwag:	139–140, 190–191
Elterntipps:	Detlev Heuchert, Anke Kaufmann, Wilfried Kinner, Dorothee Kühne-Zürn, Kirsten Usemann, Katinka Wörwag

Bibliografische Information der Deutschen Nationalbibliothek

Die Deutsche Nationalbibliothek verzeichnet diese Publikation in der Deutschen Nationalbibliografie, detaillierte bibliografische Daten sind im Internet über http://dnb.ddb.de abrufbar.

Auflage 4 3 2 1 | 2013 2012 2011 2010
Die letzten Zahlen bezeichnen jeweils die Auflage und das Jahr des Druckes.

Dieses Werk folgt der neuesten Rechtschreibung und Zeichensetzung.

www.klett.de/lernhilfen
Umschlagfoto: Corbis GmbH RM, Gary Edwards/zefa
Umschlagillustration und Leitfigur: Thomas Thiemeyer, Stuttgart
Illustrationen:
Mo Büdinger, München: Nr. 10
Michael Luz, Stuttgart: Nr. 138, 181, 187
Sven Palmowski, Barcelona: alle Leitfiguren (Drachen) sowie Nr. 1, 2, 7, 24, 33, 76, 80, 94, 109, 151, 153, 156, 165–166, 169, 172, 175, 192, 200
Johanna Rohrmoser, Frankfurt: Nr. 45, 52, 54
Jutta Sailer, Stuttgart: Nr. 171
DTP: klartext GbR, Heidelberg
Druck: Medienhaus Plump GmbH, Rheinbreitbach
Printed in Germany
ISBN 978-3-12-929266-2

9 783129 292662

Vorwort 9

Elterntipps zum Thema „Textaufgaben“

Textaufgaben für das 1. Schuljahr

Rechnen im Zahlenraum bis 10

Rechnen im Zahlenraum bis 20

Rechnen mit Größen

Textaufgaben für das 2. Schuljahr

Grundrechenarten: Addition und Subtraktion

m. Z. bedeutet: mit Zehnerübergang

Grundrechenarten: Das kleine Einmaleins

Rechnen mit Größen

Komplexe Textaufgaben

Textaufgaben für das 3. Schuljahr

Textverständnis

Grundrechenarten

Rechnen mit Größen

Komplexe Textaufgaben

Textaufgaben für das 4. Schuljahr

Textverständnis

Grundübungen

Grundrechenarten

Rechnen mit Größen

Komplexe Textaufgaben

Liebe Eltern,

hat auch Ihr Kind schon einmal darüber geklagt, dass es eine Textaufgabe nicht lösen kann? Keine Sorge, Ihr Kind ist nicht allein, gehört der Umgang mit Textaufgaben für viele Kinder doch zu einem der schwierigeren Bereiche im Mathematikunterricht.

Das „Knacken“ von Textaufgaben kann man aber genauso üben wie die Anwendung der Grundrechenarten. Dazu finden Sie und Ihr Kind in diesem Buch eine Fülle an Übungsaufgaben für die gesamte Grundschulzeit. Darüber hinaus erhalten Sie, liebe Eltern, in den Elterntipps zum Thema Textaufgaben auf den Seiten 10 bis 23 wichtige Hinweise zum gemeinsamen Üben und Anregungen, wie Sie Ihr Kind in diesem Bereich fördern können.

Wie Sie mit diesem Buch üben können:
Suchen Sie sich aus der entsprechenden Klassenstufe Ihres Kindes eine Textaufgabe heraus, die Sie gemeinsam mit Ihrem Kind bearbeiten möchten. Im Inhaltsverzeichnis finden Sie zu jeder Aufgabe die wichtigsten Lerninhalte und sehen somit auf einen Blick, welche Schwerpunkte die Aufgaben behandeln. Zum „Warmrechnen“ oder wenn Ihr Kind in einzelnen Bereichen Schwächen zeigt, können Sie auch eine Aufgabe aus einer niedrigeren Klassenstufe zum gleichen Thema wählen.

Lassen Sie Ihr Kind die Textaufgabe bearbeiten. Wie Sie gemeinsam vorgehen können, lesen Sie ab Seite 17. Kontrollieren Sie anschließend zusammen mit Ihrem Kind die Lösung der Aufgaben. Alle Lösungen finden Sie im Lösungsteil ab Seite 184.

Für das gemeinsame Üben wünschen wir Ihnen viel Erfolg und natürlich viel Spaß!

die kleinen Lerndrachen

Elterntipps zum Thema „Textaufgaben“

Liebe Eltern,

den Umgang mit Textaufgaben lernt Ihr Kind Schritt für Schritt im Laufe der Grundschulzeit. Welche Anforderungen stellt die Schule dabei? Was können Sie gemeinsam mit Ihrem Kind tun, um es beim Lernen zu unterstützen? Wie können Sie Ihr Kind optimal fördern? Die folgenden Seiten sollen Ihnen helfen, wichtige Inhalte des Mathematikunterrichts in der Grundschule kennen zu lernen und Ihr Kind sinnvoll im Bereich Textaufgaben zu fördern.

Textaufgaben – was ist das überhaupt?

Das Lösen von Textaufgaben (häufig wird dieser Bereich auch „Sachrechnen“ genannt) ist im Grunde genommen nichts anderes als Addieren, Subtrahieren, Multiplizieren und Dividieren – verpackt in eine „Rechengeschichte“. Die Schwierigkeit für Ihr Kind besteht darin, die Rechenaufgabe aus diesem Textzusammenhang herauszulösen und dann auszurechnen – nach dem Schema: Frage – Rechnung – Antwort. Sinn dieses Teilbereichs des Mathematikunterrichts ist es, Rechenoperationen in einen Sachzusammenhang zu bringen, also in Zusammenhänge, die dem Rechnen des täglichen Lebens entsprechen. Dabei wird mit dem Begriff der „Größen“ operiert, also mit Längen, Geld, Zeit, Gewichten und Hohlmaßen. Im Unterricht werden die bisherigen Erfahrungen der Kinder mit diesen Größenbegriffen aufgenommen und weiterentwickelt.

Dabei wird Bezug genommen auf Erfahrungsbereiche, die alle schon erlebt haben: beim Einkaufen, im Schwimmbad, im Bus, beim Wandern oder in den Urlaub fahren, beim Abmessen von Flüssigkeiten usw.

Doch wie gestaltet sich der heutige Mathematikunterricht überhaupt? Worauf kommt es insbesondere beim Lösen von Textaufgaben an?

Textaufgaben in der Schule

Mathematikunterricht im Wandel

Im Unterschied zum herkömmlichen Mathematikunterricht, bei dem hauptsächlich das Anwenden von Fertigkeiten zentral war, bildet heute das Anbahnen einer kreativen Denk-, Lern- und Arbeitshaltung den Mittelpunkt des modernen Mathematikunterrichts. Somit steht nicht mehr allein das reine Beherrschen der Grundrechenarten im Vordergrund. Zusätzlich ist heute im Mathematikunterricht die Lesekompetenz der Schüler gefragt, um die komplexen Strukturen von Textaufgaben erfassen und lösen zu können.

Die Bildungspläne

Aufgaben, die über Texte zu erschließen sind, stellen für Kinder oft eine ganz besondere Herausforderung dar.
Hier sind Wörter in mathematische Zeichen umzusetzen und Veranschaulichungen – wie Skizzen, Tabellen oder Bilder – werden nicht immer mitgeliefert, sondern müssen oft selbst passend erstellt werden, um sich über die Aufgabe klar zu werden.

So erwarten die Bildungspläne der verschiedenen Bundesländer von den Kindern im Bereich „Textaufgaben“ u. a. folgende Fertigkeiten und Fähigkeiten:

- mathematische Strukturen in Textaufgaben zu erkennen;
- zu vorgegebenen Zusammenhängen eigene Textaufgaben zu erfinden;
- aus Tabellen, Schaubildern und Diagrammen mathematisch relevante Informationen zu entnehmen und zu interpretieren, die für das Lösen von Textaufgaben benötigt werden;
- Ergebnisse selbstständig zu überprüfen und gegebenenfalls eigene Ergebnisse infrage zu stellen;
- anhand von bestimmten Sachverhalten eigene Fragen zu stellen und eigene Rechenfragen zu entwerfen.

An erster Stelle: Das Textverständnis

In den letzten Jahren hat sich somit der Anspruch an die Kinder, was das Lösen von Textaufgaben angeht, sehr gewandelt. Der Bereich Textaufgaben stellt also eine besonders große Herausforderung an die Rechenfertigkeit und in besonderem Maße an die Lesefertigkeiten Ihres Kindes dar, gilt es doch, „er-lesene" Informationen aus Texten selbstständig herauszufiltern und abzuwägen, ob diese Informationen auch wirklich relevant für das Lösen der Aufgaben sind. Schließlich müssen die Kinder eigenverantwortlich einen Rechenweg konstruieren.

Dieser Rechenweg muss mithilfe der Grundrechenarten und ohne Zuhilfenahme des Taschenrechners ausgeführt werden.

Eine anschließende Überprüfung der gesamten Rechnung ist unerlässlich, erfordert vom Kind aber ein sehr hohes Maß an Selbstdisziplin.

Zusammengefasst lässt sich klar sagen, dass der Bereich der Textaufgaben von den Kindern hohe kognitive Eigenschaften verlangt wie Sprachverständnis, Wortschatz, Informationsverarbeitung und nicht zuletzt einfallsreiches und spontanes Denken. Diese Eigenschaften müssen aber beim Lösen von Textaufgaben zusätzlich verknüpft werden mit nicht-kognitiven Persönlichkeitsmerkmalen wie Ausdauer, eigenem Antrieb, Sorgfalt und Konzentration.

Um dann auch noch wirklich Erfolg beim Lösen von Textaufgaben zu haben, benötigen die Kinder eine hohe Sicherheit beim Anwenden der Grundrechenarten.

Das A und O: Die Grundrechenarten

Ein noch so hohes Maß an Intelligenz hilft beim Lösen von Textaufgaben auch nicht immer weiter. Es nützt wenig, wenn Ihr Kind Aufgabe, Problemstellung und Lösungsweg durchschaut hat und erklären kann, aber nicht in der Lage ist, die Grundrechenarten sicher anzuwenden. Viele Kinder scheitern in der Klassenarbeit nicht am Finden eines Rechenweges, sondern an der fehlerfreien Umsetzung ihrer Lösungsansätze.

Genau hier bietet sich der Ansatz für die schwächeren Kinder. Diese können über einen ordentlichen, übersichtlichen und gut strukturierten Lösungsaufbau und durch das sichere Beherrschen der Grundrechenarten sehr viel aufholen.

Der sichere und fehlerfreie Umgang mit Aufgaben aus den Bereichen der Addition, Subtraktion, Multiplikation und Division ist ein nicht zu unterschätzender Baustein auf dem Weg zu guten Noten.

Größen? Was ist damit gemeint?

Wie wir schon eingangs gesehen haben, fällt im Zusammenhang mit Textaufgaben häufig der Begriff der „Größen". Was verbirgt sich dahinter? Der Begriff der „Größen" im Mathematikunterricht klingt sehr abstrakt. Gemeint sind damit Maßeinheiten der unterschiedlichsten Art. Im Laufe der Grundschulzeit sollte Ihr Kind eine Vorstellung der folgenden Einheiten entwickeln:

- Geldwerte (€, Cent);
- Längen (km, m, dm, cm, mm);
- Gewichte (t, kg, g);
- Hohlmaße (l, ml);
- Zeiten (h, min, s).

Harte Nüsse? Komplexe Textaufgaben

Im Gegensatz zu einfachen Textaufgaben, bei denen es sich um klar definierte Aufgabenformen handelt, erfordern komplexe Textaufgaben, wie bereits der Name schon sagt, eine sehr viel „komplexere" Denkhaltung, handelt es sich hierbei doch um mehrschrittige Aufgaben, die mehr als nur einen Rechenschritt zur Lösung benötigen.

Künstlich dargestellte Situationen müssen durch Kombinieren, Rechnen und selbstständiges Denken gelöst werden. Häufig sind hier mehrere Rechenschritte erforderlich.

Ihr Kind muss Lösungspläne entwickeln und verschriftlichen. Diese Lösungspläne müssen in vielen Fällen verworfen, geändert und verfeinert werden. Hier steht das Finden eines Rechenweges im Vordergrund. Dass dieser Prozess sehr hohe Ansprüche an die Denkleistung Ihres Kindes stellt, wird einem hierbei sehr schnell klar.

Nach all diesen wichtigen Hintergrundinformationen zum Thema Textaufgaben fragen Sie sich bestimmt, welche Fähigkeiten angesichts der neuen Bildungspläne heute in der Schule in den einzelnen Schuljahren eigentlich von Ihrem Kind erwartet werden.

Das erste Schuljahr: Jeder hat mal klein angefangen

Im ersten Schuljahr knüpft der Mathematikunterricht an unterschiedliche vorschulische Erfahrungen und Denkstrukturen an.

Auf dieser Entwicklungsstufe sind die meisten Kinder noch auf konkrete Materialien angeweisen, die langsam durch Abbildungen ersetzt werden. Zunehmend begreifen sie Zahlen als Mittel, die Welt quantitativ zu erfassen und gewinnen die Einsicht, dass Zahlen für Dinge stehen. Erst dann können Kinder das Rechnen automatisieren.

Am Ende des ersten Schuljahres wird eine gesicherte Zahlenvorstellung ohne Anschauung im Zahlenraum bis 20 erwartet. Die Kinder haben Addition und Subtraktion verstanden und können sie in Textaufgaben anwenden. Sie kennen die Einteilung des Kalenders und der Uhr. Darüber hinaus sind ihnen die gängigen Werte der Cent- und Euromünzen bekannt.

Das zweite Schuljahr: Erste Fortschritte

Im zweiten Schuljahr werden Aufgaben im Zahlenraum bis 100 gerechnet. Hier nehmen die Grundrechenarten Addition und Subtraktion einen zentralen Platz im Unterricht ein. Im zweiten Halbjahr steht die Erarbeitung des kleinen Einmaleins im Mittelpunkt des Mathematikunterrichts. Die Grundrechenarten kommen auch ständig beim Lösen von Textaufgaben zur Anwendung. Darüber hinaus soll Ihr Kind am Ende des Schuljahres im Bereich Textaufgaben in der Lage sein:

- in Situationen des täglichen Lebens, in Bildern mit Größenangaben oder aus einfachen Texten Rechenaufgaben herauszufinden und zu lösen;

– bei der Antwort die Ausgangssituation (Frage) einzubeziehen und
– umgekehrt, zu vorgegebenen Rechenaufgaben passende Geschichten zu erfinden.

Das dritte Schuljahr: Übung macht den Meister

Im dritten Schuljahr wird der Zahlenraum bis 1000 erschlossen. Neben der Anwendung der Grundrechenarten, die in allen Schuljahren für die Lösung von Textaufgaben Voraussetzung ist, sollte Ihr Kind im Bereich Textaufgaben Folgendes können:

– Aufgabentexten, die seine Lebenswelt betreffen, sinnvolle Fragen zuordnen, sodass es sie durch rechnerische Bearbeitung beantworten kann;
– Fragen entwickeln, die Bezüge zu den Aufgabentexten haben;
– zusätzlichen Bildern, Grafiken, Skizzen oder Tabellen Informationen entnehmen. Ihr Kind kann diese Informationen in Bezug zur Aufgabenstellung setzen und zur Lösung der Aufgabe nutzen;
– Texte auf ihre Lösbarkeit hin untersuchen und zu verschiedenen Situationen selbst Aufgabentexte planen und formulieren;
– zur Lösung Instrumente wie Tabellen oder Skizzen selbst erstellen und sie nutzbringend einsetzen;
– Wörter oder Textsequenzen aufspüren, die Hinweise auf die Rechenart geben, wie z. B. „hinzufügen“ für „addieren“, „zweimal“ für „multiplizieren“ usw.

Das vierte Schuljahr: Auf dem Weg zum Rechen-Profi

In diesem Schuljahr rechnet Ihr Kind bereits im Zahlenraum bis 1 000 000. Im Umgang mit Textaufgaben wird von Ihrem Kind erwartet, dass es

– in der Lage ist, zu schriftlich dargelegten Situationen Fragestellungen zu entwickeln. Ihr Kind muss Aufgabentexte so verstehen, dass es daraus Fragen bilden kann, die durch eine rechnerische Bearbeitung zu lösen sind;

- Tabellen und Diagramme lesen, auswerten und selbst erstellen kann. Ihr Kind muss Daten aus Tabellen und Diagrammen entnehmen, miteinander verknüpfen und interpretieren können, sodass es spezielle Fragestellungen dazu rechnerisch beantworten kann. Ebenfalls muss Ihr Kind ermittelte Daten in einer Tabelle oder einem Diagramm darstellen können;
- mehrschrittige Aufgaben in Sachtexten lösen kann. Ihr Kind muss Aufgaben bearbeiten und lösen, die in Textform mehr als nur einen Rechenschritt zur Lösung benötigen. Dabei soll es planvoll vorgehen und Skizzen, Tabellen sowie textliche Hinweise zur Texterschließung verwenden.

Textaufgaben – So fördern Sie Ihr Kind richtig

Es ist bereits angeklungen, dass der Umgang mit Textaufgaben neben Subtrahieren und Dividieren zu den Bereichen im Mathematikunterricht gehört, die den Kindern am meisten Schwierigkeiten bereiten. Das Problem ist, dass die Kinder hier aus einer „Rechengeschichte“ die Aufgabe herauslösen müssen.

Entdecken Sie gemeinsam die Mathematik im Alltag

Sachaufgaben müssen vor allem für die Kinder einen Zusammenhang zu ihrer eigenen Welt haben, sonst verstehen sie die Aufgaben nicht. Sie können als Eltern Ihrem Kind den Zugang zu solchen Aufgaben erleichtern, wenn Sie darauf achten, in welchen Bereichen Ihres Alltags sich Mathematik „versteckt“.

Sachrechnen ist, wie bereits ausgeführt wurde, häufig Rechnen mit „Größen“, das meint mit Geld, Längen, Gewichten, Hohlmaßen (zum Beispiel mit Litermaßen) und Zeiten, also Rechnen mit Dingen des Alltags. Ihr Kind begegnet diesen Herausforderungen tagtäglich: beim Einkaufen, im Schwimmbad, beim Busfahren, beim Planen des Tagesablaufs, beim Kochen und Backen usw. Im Umgang mit Größen und mit Textaufgaben ist die Erfahrung die wichtigste Grundlage. Von einem Kind, das noch nie darauf geachtet hat, wie teuer, lang oder schwer etwas ist, kann man nicht erwarten, dass es sicher mit den genannten Einheiten umgeht. Auch das Schätzen spielt in diesen Bereichen eine große Rolle.

Fragen Sie beim Spaziergang ruhig einmal: „Was denkst du, wie lang war die Strecke, die wir gelaufen sind?“ oder „Wie lange haben wir für ... gebraucht?“ Die Überprüfung solcher Fragen bietet hier unersetzliche Übungsmöglichkeiten, die man in der Schule nur bedingt anwenden kann. Zusätzlich unterstützen Fragen dieser und ähnlicher Art die Einsicht Ihres Kindes bezüglich der Fragen- und Antwortenformulierung bei Textaufgaben.

Die 5 wichtigsten Regeln zum Lösen von Textaufgaben

1.) Wenn Ihr Kind eine Textaufgabe bearbeitet – als Hausaufgabe oder zu Übungszwecken – ist es hilfreich, wenn Sie für eine ablenkungsarme Umgebung sorgen, in der sich Ihr Kind wohlfühlen kann. Ein zusätzliches Blatt Papier sollte außerdem für Stichpunkte, Skizzen oder Gedanken zur Verfügung stehen.

2.) Sehen Sie sich die Aufgabe gemeinsam mit Ihrem Kind an. Wenn in einer Aufgabe schon eine Tabelle angeboten wird, ermuntern Sie Ihr Kind, die vorhandene abzuzeichnen und sie durch eigene – vielleicht kleinere – Schritte bis zur Lösung zu erweitern. Je nach Aufgabenstellung können auch konkrete Materialien – wie Spielgeld, Kalender und Lernuhr – hilfreich sein. Mit diesen Materialien kann Ihr Kind mit Ihnen als Partner Situationen, die in den Aufgaben geschildert sind, nachspielen und so besser verstehen. Wenn Sie wollen, können Sie als Bäcker Brötchen verkaufen oder als Klempner tropfende Wasserhähne bestaunen – und dabei Ihrem Kind im Gespräch weiterhelfen, wenn es mit Geld oder Sekunden noch nicht so gut zurechtkommt.

3.) Bei der Bearbeitung einer konkreten Textaufgaben können Sie Ihrem Kind darüber hinaus sehr gut helfen, wenn Sie auf die folgenden Grundprinzipien achten:

- Lassen Sie Ihr Kind den Text **mehrmals aufmerksam lesen**. Wer den Text nicht versteht, kann damit auch nicht rechnen.
- Wichtige **Zahlen und Begriffe** sollen im Text **unterstrichen werden**.
- Nicht sofort losrechnen, **erst überlegen**. Welche Rechnungen verstecken sich hinter den Begriffen? (z. B. „Unterschied“ be-

deutet immer minus, „doppelt" heißt · 2, „Hälfte" bedeutet : 2, „insgesamt" heißt plus usw.).

4.) Die Antwort sollte sich immer auf die Frage beziehen. Die Formulierung der Antwort auf die Frage ergibt sich meist aus der Frage selbst, z. B. „Wie viel kostet es?" „Es kostet ..." oder „ Wie lange dauert es?" „Es dauert ...".

5.) Lassen Sie sich die Rechenwege genau erklären. So können Sie die angewendeten Strategien erkennen. Das Verbalisieren und Begründen spielt in der Schule eine zunehmend wichtigere Rolle.

Einen ähnlichen Leitfaden, der sich direkt an Ihr Kind wendet, finden Sie auf den folgenden Seiten. Er gibt Ihrem Kind die Möglichkeit, sich wie an einem langen Seil durch den „Dschungel" der Textaufgaben leiten zu lassen. Fertigen Sie gegebenenfalls eine Kopie an oder lassen Sie Ihr Kind die Punkte in Stichworten abschreiben.

Gewöhnen Sie Ihr Kind daran, Textaufgaben mithilfe dieser Liste zu bearbeiten, um eine gewisse Routine aufkommen zu lassen und um die Abfolge der einzelnen Punkte zu verinnerlichen.

Die einzelnen Schritte lassen sich auf nahezu jede Textaufgabe anwenden und bieten so eine Art „Gebrauchsanweisung" für das Lösen von Textaufgaben. Der eigentliche Teil, das Finden eines Rechenweges, muss vom Kind jedoch selbstständig erarbeitet werden.

Lassen Sie Ihr Kind den gewählten Rechenweg (nicht die Aufgabe) laut erzählen. Unterschätzen Sie diesen Schritt nicht. Es bereitet vielen Kindern große Probleme, den gewählten Lösungsweg mündlich wiederzugeben.

Gehen Sie die Lösungen anfangs gemeinsam durch und besprechen Sie mit Ihrem Kind eventuelle Unklarheiten.

Bitte achten Sie aber immer darauf, Ihre Hilfestellung sehr gezielt einzusetzen. Reflektieren auch Sie im Anschluss an eine Übungseinheit Ihre Unterstützung. Habe ich zu viel geholfen? Zu wenig? Wie kamen wir heute vorwärts?

Vergessen Sie bei allem Üben aber auch nicht, für Abwechslung, Spaß sowie eine entspannte, druck- und stressfreie Atmosphäre zu sorgen. Haben Sie Geduld mit Ihrem Kind und loben Sie es, wann immer es geht, auch für kleine Erfolge. So bekommt Ihr Kind Mut und Selbstvertrauen und wird zu besseren Leistungen motiviert.

Und nun: Viel Erfolg beim gemeinsamen Üben!

die kleinen Lerndrachen

Übersicht über die wichtigsten Größen

Längeneinheiten

Beim Rechnen mit Längen werden folgende Einheiten benutzt:

Millimeter (mm), Zentimeter (cm), Dezimeter (dm), Meter (m), Kilometer (km).

Dabei gilt:

1 cm = 10 mm
1 dm = 10 cm = 100 mm
1 m = 10 dm = 100 cm = 1 000 mm
1 km = 1 000 m = 10 000 dm = 100 000 cm = 1 000 000 mm

Gewichtseinheiten

Beim Rechnen mit Gewichten werden folgende Einheiten benutzt:

Gramm (g), Kilogramm (kg), Tonne (t)

Dabei gilt:

1 kg = 1 000 g
1 t = 1 000 kg = 1 000 000 g

Hohlmaße/Rauminhalt

Beim Rechnen mit Hohlmaßen werden folgende Einheiten benutzt:

Milliliter (ml), Liter (l), Hektoliter (hl)

Dabei gilt:

1 l = 1 000 ml
1 hl = 100 l

Zeiteinheiten

Beim Rechnen mit Zeit werden folgende Einheiten benutzt:

Sekunde (s), Minute (min), Stunde (h), Tag (d)

Dabei gilt:
1 min = 60 s
1 h = 60 min = 3600 s
1 d = 24 h
1 Woche = 7 Tage
1 Jahr = 12 Monate = 365 Tage

Beachte:
15 Minuten = eine Viertelstunde
30 Minuten = eine halbe Stunde
45 Minuten = eine Dreiviertelstunde

Geldwerte/Euro

Beim Rechnen mit Geld werden folgende Einheiten benutzt:

Euro (€), Cent (ct)

Dabei gilt:
1 € = 100 ct

Das Komma trennt Euro von Cent, z. B. 2,50 €.

So knackst du jede Textaufgabe

Hier geben dir die kleinen Lerndrachen wertvolle Tipps zum Lösen von Textaufgaben. Du kannst dir die Tipps z. B. abschreiben und an deine Pinnwand hängen.

Lies genau!

Lesen, lesen, ganz genau lesen ... Diesen Tipp kann man gar nicht oft genug wiederholen. Bei der Bearbeitung von Textaufgaben ist das das Allerwichtigste.

Du musst die Texte allerdings auch genau verstehen. Übung macht dabei den Meister! Bearbeite also möglichst viele Textaufgaben, und gehe ihnen nicht aus dem Weg.

Achte besonders auf Signalwörter!

Aufgabentexte verraten dir oft, welche Rechenart du verwenden musst.

Unterstreiche die Wörter im Text, die dir etwas über die Rechenart sagen. Beispiele: hinzufügen, wegnehmen, malnehmen, aufteilen ...

Stelle selbst eine Liste von Wörtern zusammen, die darauf hinweisen, dass addiert, subtrahiert, multipliziert oder dividiert werden soll.

Du könntest diese Liste so anlegen und fortführen:

addieren	subtrahieren	multiplizieren	dividieren
dazuzählen	weniger		teilen
hinzufügen			

Leitfaden für das Lösen von Textaufgaben

Die folgenden Punkte helfen dir, eine Textaufgabe Schritt für Schritt zu lösen. Präge dir diesen Leitfaden gut ein.

- Lies dir die Aufgabe einmal langsam und genau bis zum Schluss durch.
- Markiere dir dann mit einem Textmarker alle wichtigen Informationen.
- Überlege dir die Rechenfrage. Markiere sie gegebenenfalls.
- Erzähle die Aufgabe in eigenen Worten.
- Fertige eine Skizze, eine Tabelle, einen Rechenbaum oder andere Hilfen an. Kannst du die Aufgabe spielen?
- Überlege, ob du Einheiten umwandeln musst.
- Rechne langsam und sorgfältig.
- Wiederhole noch einmal die Rechenfrage.
- Überlege dir eine passende Antwort.
- Kontrolliere in Ruhe.
- Passt meine Lösung zur Rechenfrage?

1 Auf dem Flohmarkt

Paul kauft auf dem Flohmarkt diese drei Teile.
Wie viel Euro gibt er aus?
Schreibe die Rechnung, und ergänze die Antwort.

Rechnung: ___ € + ___ € + ___ € = ___ €

Antwort: Paul gibt ___ € aus.

2 Reicht Inas Geld?

Ina hat 10 Euro. Sie möchte diese drei Teile kaufen.
Reicht das Geld? Kreuze die richtige Antwort an.

Rechnung: ___ € ☐ ___ € ☐ ___ € = ___ €

Antwort:

☐ Inas Geld reicht. ☐ Inas Geld reicht nicht.

3 Im Bus

Im Bus sitzen 10 Fahrgäste. Am Stadtpark steigen 2, am Bahnhof 6 Leute aus. Wie viele Fahrgäste befinden sich noch im Bus? Schreibe die Rechnung auf, und ergänze die Antwort.

Rechnung: ____ – _____ – _____ = _____

Antwort: Im Bus befinden sich noch _____ Fahrgäste.

Tipp:

Lies genau, und male dir Bilder zur Rechengeschichte.

4 Das Sonntagsfrühstück

Tim hat 10 Brötchen gekauft. Er isst 2, Papa 3, Mama 2 und Kati 1. Wie viele bleiben übrig? Es gibt zwei Rechenwege.

Rechnungen:

a) _____ – _____ – _____ – _____ – _____ = _____

b) _____ + _____ + _____ + _____ = _____

_____ – _____ = _____

Antwort: Es bleiben _______ Brötchen übrig.

5 In der Schule

In der 1b sind 11 Mädchen und 9 Jungen.
Wie viele Kinder sind in der Klasse?

Rechnung: 11 + _____ = _____

Antwort: Es sind _____ Kinder in der Klasse.

6 Blumentöpfe für den Unterricht

Die Klasse 1b benötigt für den Unterricht Blumentöpfe.
Leonie bringt 7, Max 6 und Anna 5 mit.
Wie viele Blumentöpfe sind nun da?
Schreibe die Rechnung auf. Ergänze dann die Antwort.

Rechnung: _____ ☐ _____ ☐ _____ = _____

Antwort: Es sind _____ Blumentöpfe da.

Tipp:

1. Aufgabe genau lesen.
2. Rechenart überlegen.
3. Frage beantworten.

7 Die Bücherkiste

In der Bücherkiste der Klasse 1a waren 20 Bücher.
12 Kinder haben sich jeweils eins ausgeliehen.
Wie viele Bücher befinden sich noch in der Kiste?
Schreibe die Rechnung auf, und ergänze die Antwort.

Rechnung:

_____ ▢ _____ = _____

Antwort:

In der Bücherkiste befinden sich noch ______ Bücher.

Tipp:

Bevor du rechnest, überlege,
ob es mehr oder weniger wird.

1.
Schuljahr

8 Im Schwimmbad

Im Schwimmbecken sind 12 Kinder.
4 Kinder gehen hinaus.

Rechnung: _____ ☐ _____ = _____

Antwort: _____ Kinder sind noch im Schwimmbecken.

9 Badespaß

Von 20 Kindern haben nur 3 eine Badekappe auf.

Rechnung: _____ ☐ _____ = _____

Antwort: _____ Kinder haben keine Badekappe auf.

Subtraktion

Rechnen im Zahlenraum bis 20

10 Im Zirkus

Mark kauft sich eine Eintrittskarte und eine Tüte Popcorn.
Was muss er bezahlen?

Rechnung: _____ € + _____ € = _____ €

Antwort: Mark muss _____ € bezahlen.

11 Neles Wunsch

Nele möchte sich ein Spiel kaufen, das 16 € kostet.
Sie hat 9 € gespart. Wie viel € fehlen ihr noch?
Es gibt verschiedene Rechenwege.

Rechnungen:

16 € = _____ € + _____ €

_____ € + _____ € = 16 €

16 € – _____ € = _____ €

Antwort: Ihr fehlen noch _____ €.

12 Im Kino

Lara hat 18 € in ihrer Geldbörse. Sie kauft eine Eintrittskarte für 6 €. Wie viel Euro hat sie übrig?

Rechnung: _____ € – _____ € = _____ €

Antwort: Lara hat _____ € übrig.

13 Jans Spardose

Jan leert seine Spardose. Er hat 16 €. Für 9 € kauft er einen Fußball, für 5 € Tischtennisbälle.
Wie viel € bleiben übrig?

Rechnung: _____ € ▢ _____ € ▢ _____ € = _____ €

Antwort: Es bleiben _____ € übrig.

14 Ab 19 Uhr geschlossen

Es ist 16 Uhr. Das Schwimmbad schließt um 19 Uhr.
Wie lange können die Besucher noch bleiben?

Antwort: Sie können noch _____ Stunden bleiben.

15 Auf dem Spielplatz

Auf dem Spielplatz spielen 9 Kinder am Klettergerüst.
An der Rutsche sind 5 Kinder.

Frage: Wie viele Kinder sind es zusammen?

Rechnung: ______________________________

Antwort: ______________________________

____

16 Auf dem Ponyhof

Kati hat sich erkundigt: Auf dem Ponyhof leben insgesamt 24 Ponys. Heute sind aber nur 9 Ponys im Stall.

Frage: Wie viele Ponys sind heute draußen?

Rechnung: ______________________________

Antwort: ______________________________

Tipp:

Auch bei Minus ist's nicht schwer,
erst zum Zehner bitte sehr:

$\underline{21 - 5 = 16}$

21 − **1** = 20

20 − **4** = 16

17 Im Sandkasten

Im großen Sandkasten spielen 23 Kinder.
6 Kinder gehen dann nach Hause.

Frage: ______________________________

____

Rechnung: ______________________________

Antwort: ______________________________

____

18 Muschelsuche

Jonas, Marie und Emilie suchen Muscheln am Strand und sammeln sie in einem Eimer. Jonas hat 21 Muscheln gefunden. Marie bringt 25 Muscheln. Emilie hat 16 Muscheln gesammelt.

a) Wie viele Muscheln haben Jonas und Marie zusammen gefunden?

b) Wie viele Muscheln sind im Eimer?

Deine Rechnungen:

Antwort a): ______________________________

____

Antwort b): ______________________________

____

19 Familie Busch

Sarah ist 8 Jahre alt. Ihre kleine Schwester Johanna ist 5 Jahre alt, ihr Bruder Jakob 10. Sarahs Mutter ist 32 Jahre, und ihr Vater ist 35 Jahre alt.

a) Wie alt sind die beiden Schwestern zusammen?

b) Wie alt sind alle Kinder zusammen?

c) Wie alt ist die Familie insgesamt?

d) Wie alt ist der Vater in 5 Jahren?

Deine Rechnungen:

Antwort a): ______________________________

____

Antwort b): ______________________________

____

Antwort c): ______________________________

____

Antwort d): ______________________________

____

20 Jannis' Steinsammlung

Jannis hat 26 Steine in seiner Steinsammlung. In den Ferien sammelt er fleißig weiter. Jannis hat jetzt 45 Steine.

Frage: Wie viele ______________________________

Rechnung: ______________________________

Antwort: ______________________________

21 Lissis Hobby

Lissi sammelt alles über Pferde.
Diese Dinge hat sie schon:

Frage: Wie viele Dinge fehlen Lissi, bis sie genau 100 Pferdesachen hat?

Rechnung: ______________________________

____

Antwort: ______________________________

22 Ein besonderes Plakat

Laura, Jan, Toni, Nina und Ali gestalten ein Plakat. Darauf druckt jeder von ihnen eine gefärbte Hand.

Frage: Wie viele Finger sind auf dem Plakat zu sehen?

Rechnung: ______________________________

Antwort: ______________________________

____

Tipp:

Lies die Aufgabe genau. Stell dir vor, du wärst eines der Kinder

23 Gewonnen!

Beim Plakatwettbewerb haben die fünf Freunde 15 Gutscheine einer Eisdiele und 25 Luftballons gewonnen.

a) Frage: Wie viele Gutscheine bekommt jedes Kind?

Rechnung: ______________________________

Antwort: ______________________________

b) Frage: Wie viele Luftballons bekommt jedes Kind?

Rechnung: ______________________________

Antwort: ______________________________

24 Carl hat gespart

Carl hat sieben 5-€-Scheine und drei 10-€-Scheine gespart. Wie viel Geld hat er insgesamt gespart?

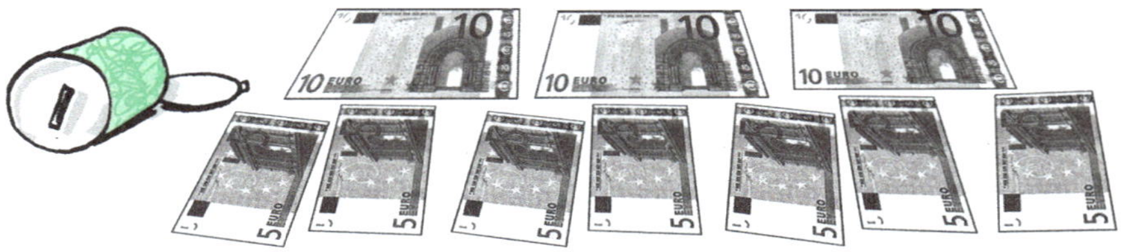

Rechnung: 7 · ______________________________

____

Antwort: Carl hat ______________________________

25 Caros Sparschwein

In Caros Sparschwein sind drei 5-€-Scheine und sechs 10-€-Scheine. Wie viel Geld hat sie gespart?

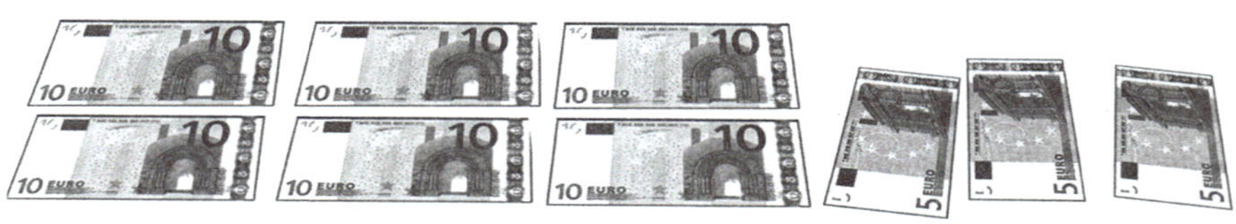

Rechnung: ______________________________

____

Antwort: ______________________________

26 Wer hat mehr Geld?

Wer hat mehr Geld? Rechne im Kopf!
Tom hat drei 10-€-Scheine. Tina hat sechs 5-€-Scheine.

Antwort: ______________________________

27 Karin und Jan

Karin darf in zwei Jahren (mit 18) den Führerschein machen. Ihr Bruder Jan ist jetzt halb so alt wie sie.

Frage: Wie alt ist Jan?

Rechnung: ______________________________

____

Antwort: ______________________________

28 Gruppentische in der 2a

In die Klasse 2a gehen 24 Kinder. Immer 4 Kinder sitzen an einem Gruppentisch zusammen.

Frage: Wie viele Gruppentische gibt es?

Rechnung: 24 ______________________________

Antwort: ______________________________

29 Im Sportgeschäft

Manuel und Annika wollen Tennisbälle kaufen.
Die 2er-Packung kostet 4 Euro, die 4er-Packung kostet 8 Euro. Manuel meint, ein Ball in der 2er-Packung sei teurer, Annika behauptet, ein Ball in der 4er-Packung koste mehr.

Frage: Wer hat Recht?

Rechnung: ____________________

____

Antwort: ____________________

____

Tipp:

So knackst auch du die Sachaufgaben:
Kreise die wichtigen Zahlen in der Aufgabe blau ein.
Ist es eine Mal- oder eine Geteiltaufgabe?

30 Klasse 2b

In der Klasse 2b sind 9 Mädchen. Es gibt genau doppelt so viele Jungen in der Klasse wie Mädchen.

Frage: Wie viele Kinder gehen insgesamt in die Klasse 2b?

Rechnung: ______________________________

____

Antwort: ______________________________

____

31 Die Holzautos

Anna, Hannes, Paul, Nina und Tobias bauen jeweils ein vierrädriges Holzauto mit einem Anhänger, der 2 Räder haben soll. Paul kauft die Räder ein.

Frage: Wie viele Räder muss Paul kaufen?

Rechnung: ______________________________

____

Antwort: ______________________________

32 Grillfest in der 3a

Die Klasse 3a (23 Kinder und die Lehrerin) will ein Grillfest machen. Von 4 Kindern kommen Vater und Mutter mit. Leos Vater spendiert für jeden eine Wurst. Es sind immer 8 Würste in einer Packung.

Frage: Wie viele Packungen Würste bringt Leos Vater mit?

Rechnung:

Antwort: ______________________________

____

33 Renovierungsarbeiten im Baumhaus

Die wilden Mädchen streichen ihr Baumhaus neu.
Rechne aus, was die Sachen kosten.

a) Die Mädchen brauchen 3 Eimer rote Farbe und 1 Rolle zum Streichen.

Rechnung: 3 · 8 € + ________ € = ________ €

Antwort: ____

____

b) Jetzt brauchen sie noch 5 Eimer gelbe Farbe und 2 Eimer orange Farbe.

Rechnung: ________ + ________ = ______

Antwort: ____

____

c) Die wilden Mädchen haben genau 50 €. Reicht ihr Geld?

Rechnung: ____

Antwort: ____

34 Wanderung zur Drachenburg

Von Waldsee nach Silberberg sind es 18 km. Genau in der Mitte liegt die Drachenburg, zu der Andi, Ina und Alex wandern wollen. Sie teilen die Strecke in drei gleiche Abschnitte ein.

Frage: Nach wie viel km machen sie die erste Pause?

Rechnung: ______________________________

____

Antwort: ______________________________

____

35 Kirschernte

Paula hat 30 Kirschen gepflückt und teilt sie mit ihren Freundinnen. Jedes Kind bekommt 6 Kirschen – auch Paula.
Wie viele Kinder sind es insgesamt?
Rechne aus, und schreibe einen Antwortsatz.

Rechnung:

Antwort: ______________________________

____

36 Im Sportunterricht

In der Klasse 2c sind 24 Kinder. Im Sport ruft Frau Pfiffig: „Immer 6 Kinder stellen sich in eine Reihe auf!“

Frage: Wie viele Reihen ______________________________

Rechnung: ______________________________

Antwort: ______________________________

37 Das Lauftraining

Nun beginnt das Lauftraining: Wenn ein Kind 3 Runden gelaufen ist, bekommt es einen Stempel von Frau Pfiffig auf die Hand gedrückt. Timo hat schon 5 Stempel auf seiner Hand.

Frage: Wie viele Runden ______________________________

Rechnung: ______________________________

Antwort: ______________________________

Tipp:

In Sachaufgaben werden kleine Geschichten erzählt. Erzähle sie in deinen Worten, und mache auch eine kleine Zeichnung.

38 Das Schulfest

Beim Schulfest hat jede der 10 Klassen einen 3 m langen Tisch mit Spielen. Essen und Trinken gibt es auf 5 Tischen von je 6 m Länge. Alle Spiel- und Esstische bilden jeweils eine lange Reihe.

Frage: Welche Tischreihe ist länger?

Rechnung: ____

____

Antwort: ____

____

39 Tim hat Geburtstag

Tim hat zum Geburtstag 8 Kinder eingeladen. Jedes Kind soll 2 Schokolutscher bekommen. In einer Packung sind 6 Stück.

Frage: ______________________________

Rechnung: ______________________________

____

Antwort: ______________________________

Tipp:

Denke daran, dass Tim **mit** seinen Gästen feiert. Aber das hast du bestimmt schon gemerkt.

40 Suchspiel im Park

Tim und seine 8 Gäste machen ein Suchspiel im Park. Jeder von ihnen findet dort 6 kleine Überraschungen, die Tims Mutter versteckt hat.

Frage: ______________________________

____

Rechnung: ______________________________

Antwort: ______________________________

____

41 Ferienzeit

Anna freut sich auf die Ferien. Bis dahin sind es noch vier Wochen.

Frage: Wie viele Tage muss Anna noch auf die Ferien warten?

Rechnung: ______________________________

Antwort: ______________________________

____

42 Drachenferien

Hurra, der kleine Drache hat 4 Wochen und 3 Tage Ferien!

Frage: Wie viele Tage hat der Drache Ferien?

Rechnung: ______________________________

Antwort: ______________________________

Tipp:

Keine Frage, **1 Woche hat 7 Tage**! Wandle die Wochen immer erst in Tage um. Dann kannst du einfacher rechnen!

43 Urlaub auf dem Bauernhof

Paul verbringt im Sommer 42 Ferientage bei seinem Onkel auf dem Bauernhof. In jeder zweiten Woche schreibt er seinen Eltern eine Karte.

Frage: Wie viele Karten schreibt Paul seinen Eltern?

Rechnung: ________________________________

Antwort: ________________________________

____

44 Flug zur Dracheninsel

In seinen Ferien fliegt der kleine Drache zur Dracheninsel. Seine Flugzeit für Hin- und Rückweg beträgt 1 Woche und 5 Tage.

Frage: Wie viele Tage braucht der Drache für den Rückweg?

Rechnung: ________________________________

____

Antwort: ________________________________

____

45 Am Kiosk

Moni kauft am Kiosk Süßigkeiten. Sie nimmt zwei große Lollies, drei Lakritzschnecken, eine Zuckerstange und drei Bonbons. Wie viel muss Moni bezahlen?

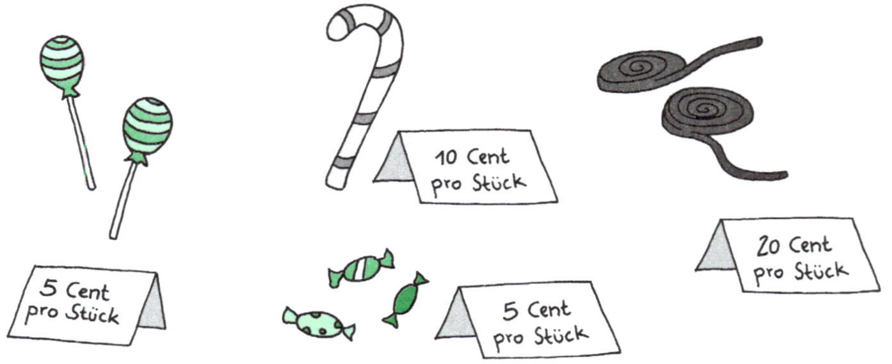

Deine Rechnungen:

Antwort: ______________________________

46 Im Supermarkt

Felix geht mit seiner Mutter in den Supermarkt. Sie kaufen für 25 Euro Getränke, für 37 Euro Lebensmittel und für 12 Euro Kosmetikartikel.

a) Was kosten alle Einkäufe zusammen?

b) Die Mutter bezahlt mit einem 100-Euro-Schein. Wie viel Geld bekommt sie zurück?

Deine Rechnungen:

Antwort a): ______________________________

____

Antwort b): ______________________________

____

47 Wechselgeld

Jeden Tag kauft Sven für seine Oma die Zeitung. Sie kostet 80 Cent. Oma gibt Sven jeden Tag einen Euro, das Wechselgeld darf Sven behalten. Wie viel Geld kann Sven in 6 Tagen sparen?

Deine Rechnungen:

Antwort: ______________________________

____

Tipp:

1 Euro = 100 Cent
1 € = 100 ct

48 Im Dinosaurier-Museum

Am Wochenende machen Jana und ihre Tante einen Ausflug ins Sauriermuseum. Dort gibt es die längst ausgestorbenen Riesen der Urzeit zu bestaunen. Beim Triceratops entdeckt Jana die Längenmaße des Sauriers:

Kopflänge: 2 m
Körperlänge: 7 m 20 cm

Frage: Wie lang ist der Saurier insgesamt?

Rechnung: ______________________________

Antwort: ______________________________

____

Tipp:

1 m = 100 cm

49 Benjamins Bauklötze

Benjamin hat eine Kiste mit Bauklötzen. Darin sind 5 blaue, 7 gelbe, 4 rote und 8 grüne Bauklötze. Jeder Bauklotz ist 5 cm hoch. Benjamin baut einen Turm aus den Bauklötzen.

a) Wie hoch wird der Turm, wenn er nur die gelben Klötze verwendet?

b) Wie hoch wird der Turm, wenn er nur die roten und die blauen Klötze verwendet?

c) Wie hoch kann der Turm werden, wenn er alle Klötze verwendet?

Deine Rechnungen:

Antwort a): ______________________________

____

Antwort b): ______________________________

____

Antwort c): ______________________________

____

50 Schlafenszeit

Es ist schon spät und Lisa muss ins Bett.
Wie viel Uhr ist es?

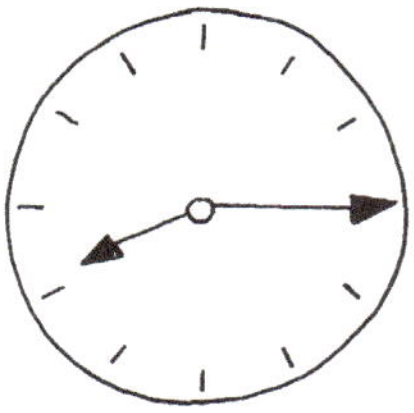

Antwort: ______________________________

51 Wie lange kann Max noch schlafen?

Es ist 6.45 Uhr. Max muss um 7.00 Uhr aufstehen.
Wie lange kann Max noch schlafen?

Antwort: ______________________________

____

52 Unterwegs mit dem Schulbus

Simon fährt mit dem Bus zur Schule. Der Schulbus kommt alle 15 Minuten. Ergänze den Busplan!

Hinweg	Rückweg
7.10 Uhr	12.15 Uhr
7.25 Uhr	
	12.45 Uhr
7.55 Uhr	

Tipp:

1 Stunde = 60 Minuten
1 h = 60 min

53 Mit dem Schiff unterwegs

Dieses Jahr verbringt Familie Bauer ihre Ferien am Waldsee. Gleich am ersten Tag gehen Anne und Tobi an den See zur Schiffsanlegestelle. Dort entdecken die beiden den Fahrplan.

Fahrplan	
Abfahrt	**Ankunft**
Waldsee 10.00 Uhr	Blumen-Insel 10.25 Uhr
Waldsee 11.30 Uhr	Altdorf 11.55 Uhr
Waldsee 12.20 Uhr	Mühlbach 12.40Uhr
Waldsee 14.20 Uhr	Vogel-Insel 15.20 Uhr
Waldsee 16.55 Uhr	Eichstadt 17.15 Uhr
Waldsee 17.40 Uhr	Wasserburg 18.05 Uhr

Anne und Tobi lesen aufmerksam den Fahrplan. Sie rechnen aus, wie lange die Schifffahrten dauern.

Waldsee – Blumen-Insel: 10.00 Uhr $\xrightarrow{\text{25 min}}$ 10.25 Uhr

Waldsee – Altdorf: ______________________________

Waldsee – Mühlbach: ______________________________

Waldsee – Vogel-Insel: ______________________________

Waldsee – Eichstadt: ______________________________

Waldsee – Wasserburg: ______________________________

54 Unterwegs mit Uwe

Für seinen Schulweg braucht Uwe genau 9 Minuten. Nach der Schule geht Uwe mit seinen Freunden auf den Fußballplatz. Danach besucht er seine Freundin Lisa und geht dann nach Hause.

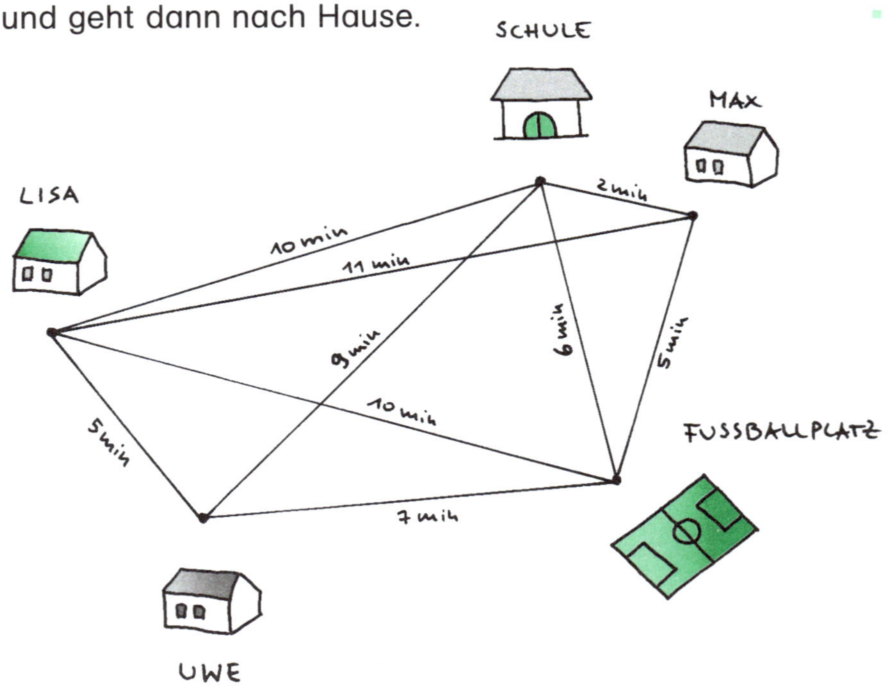

a) Wie lange braucht Uwe für seinen Schulweg? Berechne den Hin- und Rückweg.

Antwort: ______________________________

b) Wie lange läuft Uwe, um auf dem kürzesten Weg von der Schule zum Fußballplatz zu kommen?

Antwort: ______________________________

c) Wie lange braucht er für den Heimweg, wenn er nach dem Fußballspielen Lisa besucht?

Antwort: ______________________________

Deine Rechnungen:

55 Anne, die Leseratte

Anne liest ein spannendes Buch. Von Montag bis Freitag schafft sie jeden Tag 4 Seiten. Am Samstag liest sie 11 Seiten, am Sonntag sogar 14. Wie viele Seiten liest Anne in der gesamten Woche?

Rechnung:

Antwort: ____

____

56 Schulausflug ins Theater

Die Klasse 2a geht mit ihrem Klassenlehrer in das Theater. Der Lehrer erhält für seine Schüler 6 Karten zu 2 Euro, 8 Karten zu 3 Euro und 9 Karten zu 4 Euro. Seine Karte kostet 6 Euro.

a) Wie viele Karten hat der Klassenlehrer insgesamt gekauft?

b) Wie viele Schüler gehen in seine Klasse?

c) Wie viel Euro hat der Lehrer an der Theaterkasse ausgegeben?

Deine Rechnungen:

57 Lukas und seine Haustiere

Lukas füttert seine Haustiere. Das Kaninchen bekommt eine Gurke, ein Salatblatt und zwei Mohrrüben. Die zwei Meerschweinchen bekommen jeweils eine Gurke und ein Salatblatt. Jeder der drei Hamster bekommt zwei Salatblätter und eine Mohrrübe.

a) Wie viele Gurken muss Lukas seinen Tieren insgesamt bringen?

b) Wie viele Mohrrüben brauchen die Tiere?

c) Wie viele Salatblätter verteilt Lukas an seine Haustiere?

d) Wie viele Haustiere hat Lukas?

Deine Rechnungen:

Antwort a): ______________________________

____

Antwort b): ______________________________

____

Antwort c): ______________________________

____

Antwort d): ______________________________

____

58 Umfrage in der Schule

An einer Schule wurden 100 Schüler gefragt, wie sie zur Schule kommen. Hier siehst du das Ergebnis der Umfrage.

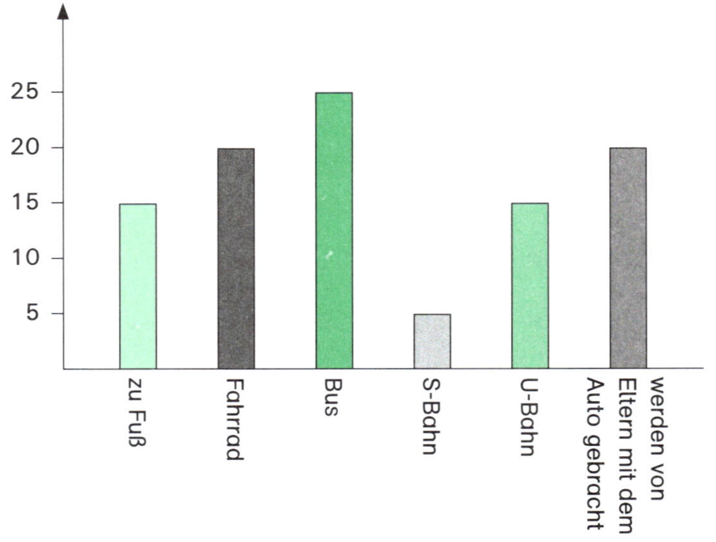

a) Wie kommen die meisten Schüler zur Schule?

Antwort: ______________________________

____

b) Welches Verkehrsmittel wird am wenigsten genutzt? Kreuze an.

- ☐ Fahrrad
- ☐ Bus
- ☐ S-Bahn
- ☐ U-Bahn
- ☐ Auto der Eltern

c) Wie viele Kinder kommen mit S- und U-Bahn zur Schule?

Antwort: ______________________________

____

59 Fütterungszeit im Zoo

Es ist Fütterungszeit. Der Tierpfleger verteilt kleine Leckerbissen an seine Tiere. Sieh dir die Tabelle an, und beantworte die Fragen.

Tierart	Möhren	Bananen	Äpfel
Elefanten	25	–	–
Affen	–	30	5
Meerschweinchen	15	–	4
Ziegen	8	–	–
Esel	12	–	3

a) Welche Tiere bekommen nur Möhren?

Antwort: ______________________________

____

b) Wer bekommt Möhren und Äpfel?

Antwort: ______________________________

____

c) Wie viele Möhren verteilt der Tierpfleger insgesamt? Rechne zusammen.

Antwort: ______________________________

____

____

____

d) Welche Tierart bekommt am meisten zu fressen?

Antwort: ______________________________

____

60 Geburtstag ist der schönste Tag

Max hat einen Geburtstagskalender. Im Mai haben viele seiner Freunde Geburtstag – auch Max. Sieh dir das Kalenderblatt an, und beantworte dann die Fragen.

Mai						
MO	**DI**	**MI**	**DO**	**FR**	**SA**	**SO**
				1	2 Eva	3
4 Loni	5	6	7	8	9	10
11	12	13	14 Max	15	16	17
18	19 Paul	20	21	22	23 Fest	24
25	26	27	28	29	30	31

a) Wie viele Tage nach Loni hat Max Geburtstag?

Antwort: ______________________________

____

b) Wann hat Eva Geburtstag? Schreibe den Tag und das Datum auf.

Antwort: ______________________________

____

c) An welchem Wochentag feiert Max sein Geburtstagsfest?

Antwort: ______________________________

____

d) Wer hat vier Tage vor dem Fest Geburtstag?

Antwort: ______________________________

____

61 Lösbar oder nicht lösbar?

Entscheide bei den folgenden Aufgaben:
lösbar oder nicht lösbar? Kreuze an!

a) Winni verteilt 12 Kuchenstücke an seine 6 Freunde. Wie viele Kuchenstücke bekommt jeder?

☐ lösbar ☐ nicht lösbar

b) Jens' Mutter wird in 3 Tagen 36 Jahre alt. Wie alt wird Jens?

☐ lösbar ☐ nicht lösbar

c) Fredi kauft 3 Tüten Milch für je 65 ct. Wie viele Gläser Milch trinkt er pro Tag?

☐ lösbar ☐ nicht lösbar

d) Ninas Hund bekommt ein neues Halsband für 9 € und eine Leine für 8 €. Wie viel Euro kosten die beiden Sachen zusammen?

☐ lösbar ☐ nicht lösbar

3.
Schuljahr

passende Fragen finden

Textverständnis

62 Karina und ihr Zwergkaninchen

Entscheide, welche Frage zu dem Aufgabentext passt, und kreuze an.

Aufgabe: Karina kauft 800 g Kraftfutter für ihr Zwergkaninchen. Jeden Tag gibt sie dem Tier 40 g davon.

a) Frage: Wie viel Euro kostet das Futter?

☐ passt zur Aufgabe ☐ passt nicht zur Aufgabe

b) Frage: Wie viele Kaninchen können von dem Futter fressen?

☐ passt zur Aufgabe ☐ passt nicht zur Aufgabe

a) Frage: Wie viele Tage reicht das Futter?

☐ passt zur Aufgabe ☐ passt nicht zur Aufgabe

d) Frage: Was kauft Karina noch ein?

☐ passt zur Aufgabe ☐ passt nicht zur Aufgabe

63 Fredis Geburtstag

In 20 Tagen hat Fredi Geburtstag. Seine große Schwester Ina wird übermorgen, am Samstag, 14 Jahre alt.

Welche Fragen kannst du beantworten? Kreuze an.

a) Wie alt wird Fredi? ☐

b) Wie viele Tage liegen die Geburtstage der Geschwister auseinander? ☐

c) An welchem Wochentag hat Fredi Geburtstag? ☐

d) Wie viele Jahre ist Ina älter als Fredi? ☐

64 Einkauf auf dem Flohmarkt

Auf dem Flohmarkt kauft Mutter einen Spiegel für 32 €, eine alte Truhe für 13 €, ein gesticktes Bild für 4 € und eine Spielesammlung für 3 €.

Frage: ____

____

Rechnung:

Antwort:

____

____

____

____

Tipp:

Textaufgaben enthalten nicht immer Fragen. In diesen Fällen musst du dir den Inhalt der Aufgaben besonders gut klarmachen, um eine passende Frage formulieren zu können.

Du kannst auch nachspielen, was in den Aufgabentexten steht. Dabei oder danach fällt dir bestimmt eine Frage ein, die du mit einer Rechnung beantworten kannst.

65 Marcels Schreibtisch

Marcel räumt seinen Schreibtisch auf. Von einem Packen mit 500 Blättern sortiert er 184 Blätter aus, weil sie auf beiden Seiten schon beschrieben oder eingerissen sind.

Frage: ______________________________

____

Rechnung:

Antwort: ______________________________

____

____

66 Autobilder

Uli hat 168 Autobilder geschenkt bekommen, interessiert sich aber nicht dafür. Seine Freunde Jeron, Tim und Roger möchten sie gerne haben. Uli will sie gleichmäßig verteilen.

Frage: ____

____

Rechnung:

Antwort: ____

____

67 Lisas Sparkonto

Entscheide, welche Antwort richtig ist, und kreuze an.

Aufgabe: Lisa hat auf Ihrem Sparkonto 235 €. Sie hebt 140 € ab, um sich ein gebrauchtes Fahrrad zu kaufen. Wie viel Euro hat Lisa nun auf ihrem Konto?

a) Lisa hat nun 140 € mehr auf ihrem Konto.

☐ richtig ☐ falsch

b) Nun hat Lisa kein Geld mehr auf ihrem Konto.

☐ richtig ☐ falsch

c) Lisa hat nun 235 € auf ihrem Konto, weil ihr Vater das Fahrrad bezahlt.

☐ richtig ☐ falsch

d) Lisa hat nun noch 95 € auf ihrem Konto.

☐ richtig ☐ falsch

Tipp:

Wenn eine Textaufgabe eine Frage enthält, ist die Antwort nicht schwer zu formulieren, wenn du Wörter aus der Frage wieder verwendest. Also z. B.: Frage: „Wie viel Euro hat Lisa auf ihrem Konto?“ Antwort: „Lisa hat ... Euro auf ihrem Konto.“

Wenn du aber – wie hier – mehrere Antworten zur Auswahl hast, ist es wichtig, dass du den Text verstanden und die Aufgabe auch richtig gelöst hast.

68 Taschengeld

In die Klasse 3a gehen 28 Kinder. $\frac{1}{4}$ von ihnen bekommt pro Woche 3 € Taschengeld. Kreuze alle Antworten an, die du ausrechnen kannst.

☐ 3 € pro Woche ist viel zu wenig.

☐ In einem Jahr bekommt jedes dieser Kinder 156 €.

☐ Wie viel Taschengeld bekommen die anderen 21 Kinder?

☐ Insgesamt bekommen sie 21 € pro Woche.

☐ Zusammen bekommen sie in einem Jahr 1092 €.

Deine Rechnungen:

69 Herr Meier kauft ein

Herr Meier kauft für 35,90 € ein. Er bezahlt mit einem 50-Euro-Schein und bittet den Kassierer, ihm drei 5-Euro-Scheine als Rückgeld zu geben und den Rest in 50-Cent-Münzen. Kreuze alle richtigen Antworten an.

- ☐ Das geht nicht, weil der Kassierer keine 50-Cent-Münzen hat.
- ☐ Das geht nicht. Herr Meier hat sich verrechnet. Er bekommt weniger als 15 Euro zurück.
- ☐ Das geht, weil der Kassierer genug 5-Euro-Scheine in seiner Kasse hat.
- ☐ Das geht nicht, weil man auf einen solchen Betrag nicht nur mit 50-Cent-Münzen herausgeben kann.

70 Besuch im Freibad

Du gehst ins Freibad. Der Eintritt kostet 3,50 €. Weil du Hunger bekommst, kaufst du dir zuerst Pommes frites für 1,20 € mit Ketschup, der 30 ct extra kostet. Zum Trinken kaufst du dir eine Flasche Wasser für 90 ct.

Kreuze alle richtigen Antworten an.

- [ ] Ich muss 5 € mitnehmen, damit ich mit dem Geld auskomme.
- [ ] Wenn ich auf die Pommes verzichte, komme ich mit 5 € aus.
- [ ] Wenn ich mit einem 10-Euro-Schein bezahle, habe ich noch einen 5-Euro-Schein, eine 1-Euro-Münze und ein 10-Cent-Stück übrig.
- [ ] Ich lasse mich von meinem Freund zu einem Glas Wasser einladen, dann reichen 5 €.

Rechnung:

Welche Rechenart musst du bei den folgenden Aufgaben jeweils anwenden: +, −, · oder : ?
Male das richtige Kästchen grün an!

71 Zwei Geburtstagskinder

Sebastian ist 9 Jahre alt geworden. Am selben Tag hat auch sein Onkel Günter Geburtstag. Er ist 6-mal so alt wie Sebastian. Wie alt ist Onkel Günter geworden?

Ich rechne diese Aufgabe mit +, −, · oder : .

Rechnung:

Antwort: ______________________

____

____

72 Leas Hamster

Leas Hamster wiegt 72 g. Vor einer Woche wog er 14 g weniger. Wie viel Gramm wog der Hamster?

Ich rechne diese Aufgabe mit +, −, · oder : .

Rechnung:

Antwort: ______________________

____

____

Welche Rechenart musst du bei den folgenden Aufgaben jeweils anwenden: [+], [–], [·] oder [:]?
Male das richtige Kästchen grün an!

73 Die Modellautosammlung

Herr Weiß hat schon 27 Modellautos gesammelt. Heute kommen 6 neue Exemplare hinzu. Wie viele Autos hat er jetzt?

Ich rechne diese Aufgabe mit [+], [–], [·] oder [:].

Rechnung:

Antwort: ____________________

____

____

74 Geschäftseröffnung bei Frau Müller

Frau Müller eröffnet einen Schreibwarenladen und verteilt 30 Kugelschreiber gleichmäßig an die ersten 10 Kunden. Wie viele Kugelschreiber erhält jeder Kunde?

Ich rechne diese Aufgabe mit [+], [–], [·] oder [:].

Rechnung:

Antwort: ____________________

____

____

75 Theater Eintausend

Hereinspaziert ins Theater Eintausend! Für große und kleine Theaterbesucher gibt es hier genau 1000 Sitzplätze.

Die Vorstellungen sind nicht immer ausverkauft.

a) Rechne aus, wie viele Karten immer übrig sind.

Tag	verkaufte Karten	übrige Karten
Montag	850	
Dienstag	720	
Mittwoch	799	
Donnerstag	835	
Freitag	967	
Samstag	1000	
Sonntag	942	

b) An welchem Tag bleiben die wenigsten Karten übrig?

Antwort: ______________________________

____

c) An welchem Tag bleiben die meisten Karten übrig?

Antwort: ______________________________

____

76 Murmeln

Frau Frings stellt eine Lieferung von Murmeln zusammen, die an verschiedene Spielwarenläden geliefert werden sollen. Wie viele Murmeln verschickt sie insgesamt?

Rechnung:

Oder: Du kannst zur Lösung dieser Aufgabe auch diese Tabelle wie eine Stellenwerttafel benutzen:

Schachteln mit je 10 Säckchen	**Säckchen mit je 10 Murmeln**	**einzelne Murmeln**

Antwort: ______________________________

____

77 Leseratte Manuel

Manuel hat in seinem Buch schon 208 Seiten gelesen.
159 Seiten fehlen ihm noch bis zum Ende.
Wie viele Seiten hat das Buch?

Rechnung:

Antwort: ______________________

____

____

78 Leere Flaschen

In der Getränkehandlung stapelt sich das Leergut:
216 leere Limoflaschen, 174 leere Colaflaschen und
67 leere Saftflaschen. Wie viele Flaschen sind es
insgesamt?

Rechnung:

Antwort: ______________________

____

____

79 Wochenendbesuch im Zirkus

Die Tabelle zeigt, wie viele Personen am Wochende im Zirkus waren.

	Freitag	Samstag	Sonntag
Kinder	235	348	406
Erwachsene	196	287	324

a) Wie viele Kinder besuchten an den drei Tagen den Zirkus?

b) Wie viele Personen waren am Sonntag im Zirkus?

c) Wie viele erwachsene Besucher hatte der Zirkus am Freitag und Samstag?

Deine Rechnungen:

Antwort a): ______________________________

____

Antwort b): ______________________________

____

Antwort c): ______________________________

____

3. Schuljahr

schriftliche Addition (mit Überschlag)

Grundrechenarten

Tipp:

Überschläge geben dir eine Vorstellung vom Ergebnis einer Aufgabe. Versuche mit den Überschlagszahlen so nah wie möglich an die echten Beiträge heranzukommen.

80 Ina und Moritz kaufen ein

Ina und ihr Bruder Moritz sollen Einkäufe erledigen. Mutter gibt ihnen 10 € und einen Einkaufszettel mit. Bevor die beiden zur Kasse gehen, überschlagen sie, ob sie genug Geld dabeihaben. Reicht es?

Überschlag:

Rechnung:

Antwort:

81 Inline-Skater für Leon

Leon will sich Inline-Skates für 108 Euro kaufen. 85 Euro hat er schon gespart. Wie viel Euro fehlen ihm noch?

Rechnung: Antwort:

82 Welche Zahl sucht Roger?

Roger möchte von 724 so viel abziehen, dass er 555 als Ergebnis erhält. Welche Zahl muss er subtrahieren?

Rechnung: Antwort:

Tipp:

Achte beim schriftlichen Subtrahieren bitte genau auf das stellenwertgerechte Untereinanderschreiben. Als Hilfe kannst du dir die Buchstaben H, Z und E über die Stellen der Zahlen schreiben (für Hunderter, Zehner und Einer).

83 Fahrt zum Supermarkt

Frank beobachtet den Kilometerzähler im Auto bei der Fahrt zum Supermarkt. Zu Hause zeigt er 387 km. Beim Supermarkt liest Frank 404 km. Wie weit ist der Supermarkt von Franks Wohnung entfernt?

Rechnung:

Antwort:

84 Manuelas Sparbuch

Manuela hatte vor vier Wochen auf ihrem Sparbuch ein Guthaben von 342 €. Vor zwei Wochen hat sie 125 € abgehoben. Heute Vormittag zahlt sie 74 € ein. Wie viel Euro hat sie jetzt auf ihrem Sparkonto?

Rechnung:

Antwort: ____

____

Tipp:

Bei dieser Aufgabe solltest du wieder ganz genau auf den Text achten. Er verrät dir nämlich, welche Rechenarten du benötigst, um die Aufgabe zu lösen.

85 Ein Straßenmaler in der Fußgängerzone

Markus ist Student und will ein schönes Bild mit Kreide auf das Straßenpflaster in der Fußgängerzone malen. Er hat sich einen Rahmen vorgezeichnet. Der ist 6 Steine breit und 9 Steine lang. Wie viele Steine muss er insgesamt bemalen?

Rechnung:

Antwort:

86 Die Theater-AG

Herr Müller möchte mit den 7 Schülern seiner Theater-AG ein Theaterstück ansehen. Der Eintritt kostet 8 € pro Person. Wie viel kostet der Eintritt für alle zusammen?

Rechnung:

Antwort:

87 Marcels Buch

Marcel hat sich ausgerechnet: „Wenn ich in meinem Buch jeden Tag 50 Seiten lese, habe ich es in 5 Tagen fertig gelesen." Wie viele Seiten hat Marcels Buch?

Rechnung:

Antwort: ____________________

Tipp:

Wenn du mit Zehnerzahlen multiplizierst, dann rechne die Aufgabe auch, indem du die 0 bei der Zehnerzahl weglässt.

Beispiel: $7 \cdot 30 = 210$
$7 \cdot 3 = 21$

88 Fritz, der Eisverkäufer

Eisverkäufer Fritz hat in den letzten 4 Tagen jeweils 70 Portionen Eis verkauft. Wie viele Portionen sind das insgesamt?

Rechnung:

Antwort: ____________________

____

89 Mineralwasser für den Kindergarten

Frau Schütz hat für den Kindergarten 7 Kästen Mineralwasser gekauft. In jedem Kasten sind 12 Flaschen. Wie viele Flaschen sind das insgesamt?

Raum für deine Übelegungen:

Antwort: ______________________________

90 Am Weihnachtsbaume die Lichter brennen

Familie Lebert hat einen Weihnachtsbaum mit 14 Kerzenhaltern für echte Kerzen. Acht Tage lang soll er leuchten und jeden Tag mit neuen Kerzen bestückt werden. Wie viele Kerzen verbraucht Familie Lebert?

Rechnung:

Antwort: ______________________________

____

91 Der Gartenzaun

Die Müllers und die Meiers sind Nachbarn. Sie wollen einen kleinen Zaun zwischen ihren Gärten errichten. Das Material kostet 556 €. Jede Familie soll die Hälfte bezahlen. Wie viel bezahlt jede Familie?

Rechnung:

Antwort: ______________________________

92 Weihnachtsbazar in Klasse 4

Die 4a und die 4b haben auf ihrem Weihnachtsbazar 234 € eingenommen. Sie teilen sich die Einnahmen. Wie viel Euro bekommt jede Klasse?

Rechnung:

Antwort: ______________________________

3.
Schuljahr

93 Beim Bäcker

Ein Bäcker hat noch 840 g Marzipanmasse. Daraus stellt er 6 Marpizanfiguren her. Wie viel Gramm wiegt jede Figur?

Rechnung:

Antwort: ______________________________

Division

Grundrechenarten

94 Eine Kiste voller Steckwürfel

Ines beschäftigt sich in der Freiarbeit damit, aus je 7 Steckwürfeln Türme zu bauen. Wie viele Türme kann sie bauen?

Rechnung:

Antwort: ______________________________

____

Tipp:

Wenn Du Tabellen richtig lesen kannst, können sie dir beim Lösen von Aufgaben eine gute Hilfe sein. Lege selbst einige Preistabellen von Dingen, deren Preise du kennst, an.

Denke aber daran, dass jede Tabelle nur über **einen** Gegenstand Auskunft gibt.

95 Frank beim Bäcker

Frank soll 5 Brötchen kaufen. Er schaut sich die Preistabelle an. Wie viel muss er bezahlen?

Rechnung:

Antwort:

96 Ein neues Aquarium im Zoo

Im Zoo wird ein Aquarium erneuert. Es kostet 715 €.
Die ersten Fische kauft der Zoo für 95 € ein.
Wie viel Euro muss der Zoo bezahlen?

Rechnung: Antwort:

97 Der neue Computer

Frau Grün möchte einen neuen Computer kaufen.
Im ersten Laden kostet er 820 €. In einem anderen Laden sieht sie das gleiche Gerät für 45 € weniger.
Wie viel kostet der Computer dort?

Rechnung: Antwort:

98 Ein Fotoapparat für Anja

Anja hat 238 € gespart. Sie möchte sich einen Fotoapparat für 298,50 € kaufen. Ihre Oma gibt ihr 50 € dazu. Wie viel Geld fehlt ihr noch?

Rechnung:

Antwort: ______________________________

99 Tims Taschengeld

Herr Meyer gibt seinem Sohn Tim das Taschengeld für 4 Wochen. Das sind 12 €. Wie viel Taschengeld erhält Tim pro Woche?

Rechnung:

Antwort:

____

____

____

100 Im Schreibwarenladen

Andrea kauft sich ein Buch für 6,98 €, einen Malblock für 2,95 € und Buntstifte für 3,79 €.
a) Wie viel muss sie bezahlen?

Rechnung: Antwort:

b) Sie zahlt mit 20 Euro. Wie Euro erhält sie zurück?

Rechnung: Antwort:

Tipp:

Wenn du mit Kommazahlen noch nicht rechnen kannst, wandle den €-Betrag einfach in die nächstkleinere Größe um, also in Cent.

Beispiel: 9,20 € = 9 € 20 ct = 920 ct

Vergiss nicht, das Ergebnis wieder in € anzugeben.

Tipp:

Benutze bei diesen Aufgaben dein Rechengeld. Du kannst dann die passenden Beträge auslegen und bekommst so vielleicht auch gute Ideen zur Lösung.

Wenn du kein Rechengeld hast, kannst du dir genauso gut mit Zeichnungen helfen.

101 Auf der Kirmes

Silke schaukelt auf der Kirmes am liebsten mit der Schiffschaukel. 1 Runde kostet 70 ct. Nach drei Tagen ist sie insgesamt 7-mal geschaukelt. Wie viel Euro und wie viel Cent hat sie ausgegeben?

Rechnung:

Antwort: ______________________________

____

102 Kaffee im Sonderangebot

Marias Mutter kauft als Sonderangebot 6 Pakete Kaffee für insgesamt 23 €. Wenn sie sie einzeln kaufen würde, müsste sie pro Paket 4 € und 10 ct bezahlen.

Frage: ____

____

Rechnung:

Antwort: ____________________

____

____

____

103 Klassenausflug ins Kino

Die Klasse 3a möchte gerne mit 27 Kindern und zwei Lehrern ins Kino gehen.

Der Kinobesuch kostet pro Kind 6,00 €. Es gibt dort Gruppenrabatt. Eine Fünfergruppe bezahlt nur 5,50 € pro Person. Erwachsene müssen 7,50 € bezahlen. Jedes Kind soll eine kleine Tüte Popcorn oder ein Eis zu je 2,60 € essen dürfen.

In der Klassenkasse sind noch 245,35 €. Reicht das Geld? Und wie viel bleibt übrig?

Deine Rechnungen:

Antwort: ______________________________

____

104 Laras und Annis Schulweg

Laras Schulweg beträgt 1 km und 75 m. Anni muss 1125 m weit gehen. Wessen Schulweg ist länger?

	1 km	100 m	10 m	1 m
Lara:				
Anni:				

Antwort: ______________________________

____

Tipp:

Du kannst die Stellenwerttafel gut benutzen, um km- und m-Angaben genau aufzuschreiben.

Die dicke Trennlinie zwischen Kilometern und Metern hilft dir, die Angaben auch in der Kommaschreibweise zu notieren.
An dieser Stelle steht nämlich das Komma.

3. Schuljahr

Längen (Stellenwerttafel)

Rechnen mit Größen

105 Ingas Mathematikbuch

Inga hat gelernt: 1 dm = 10 cm. Sie misst bei ihrem Mathematikbuch eine Höhe von 26 cm. Wie viel Dezimeter und wie viel Zentimeter ist es hoch? Trage richtig ein.

dm Dezimeter	**cm** Zentimeter

Antwort:

____

____

106 Unser Klassenzimmer

Trage die Kommazahlen in die Stellenwerttafel ein. Wie viele Meter und Zentimeter sind es jeweils?

Höhe der Klassentür	2,10 m
Länge des Schreibtisches	1,20 m
Breite des Schreibtisches	0,70 m

	m Meter	**10 cm** Zentimeter	**1 cm** Zentimeter
Klassentür			
Länge des Schreibtisches			
Breite des Schreibtisches			

Antwort: Die Klassentür ist ______________________________

____

____

107 Sportfest in der Schule

Beim Sportfest gewinnen die Kinder der 3b die Staffel über 8-mal 50 m. Wie lang ist die Strecke insgesamt?

Rechnung:

Antwort: ______________________

____

____

108 Hanna bastelt

Hanna hat ein 96 cm langes Brett. Sie möchte es in vier gleich große Teile zersägen. Wie lang wird jedes Teilstück?

Rechnung:

Antwort: ______________________

____

109 Eine neue Balancierstrecke

Auf dem Schulhof liegen schon die Balken für die neue Balancierstrecke. Lina überlegt, wie viele Meter die Strecke wohl lang werden wird, wenn die Balken aufgebaut sind?

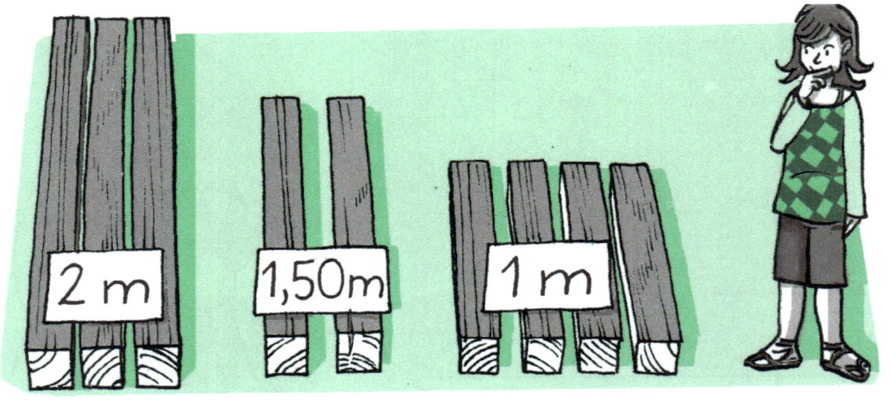

Raum für deine Übelegungen:

Antwort: ______________________________

____

110 Beim Kugelstoßen

Beim Kugelstoßen flog Jans Kugel 3,15 m weit. Lars stieß 12 cm weiter, und Bettina erreichte 60 cm weniger als Jan. Wie weit haben die Kinder die Kugel gestoßen?

Rechne so:

Jan: 3,15 m = 315 cm

Lars: 315 cm + 12 cm = ________ cm = ________ m

Bettina: ____________________________________

Antwort: ____________________________________

____

Tipp:

Unterstreiche in den Aufgaben die Wörter, die dir die Rechenart verraten.

111 Radtour in der 3a

Die Klasse 3a macht eine Radtour. Insgesamt ist die Strecke 48 km lang. Sie soll in 6 kleinere Stücke eingeteilt weden. Wie lang ist jedes Teilstück?

Rechnung:

Antwort: ____________________________________

____

112 Auf dem Weg nach Düsseldorf

Frau Müller fährt mit dem Auto von Hannover über Dortmund nach Düsseldorf, das sind 415 km. In Dortmund zeigt der Kilometerzähler 275 km an. Wie weit ist es noch bis Düsseldorf? Löse mithilfe einer Skizze.

Raum für deine Überlegungen:

Antwort: ______________________________

____

113 Hausaufgaben bei Lisa

Maria geht zu ihrer Freundin Lisa, um mit ihr Hausaufgaben zu machen. Nach 100 m kehrt sie um, weil sie ein Buch vergessen hat. Dann beginnt sie den Weg wieder von vorne. Nach 350 m muss sie einen Umweg von zusätzlich 150 m wegen einer Baustelle machen. Nach weiteren 300 m ist sie endlich am Ziel angekommen.

a) Wie viel Meter ist Maria gegangen, ehe sie bei Lisa ankam?

b) Wie weit ist der kürzeste Weg von Maria zu Lisa?

Raum für deine Überlegungen:

Antwort a): ______________________________

____

Antwort b): ______________________________

____

114 Philipps Ranzen

Philipp soll drei Gegenstände aus seinem Ranzen wiegen und die Tabelle ausfüllen. Sein Mathebuch wiegt 322 g. Seine gefüllte Trinkflasche wiegt 500 g und die Mappe mit seinen Heften 360 g. Wie muss Philipp die Angaben eintragen?

	1 kg	100 g	10 g	1 g
Mathebuch				
Trinkflasche				
Heftmappe				
zusammen				

115 Einkauf im Supermarkt

Du kaufst eine Tafel Schokolade, die 100 g wiegt, ein Stück Butter, das 250 g wiegt und ein Paket Kaffee, das 500 g wiegt.

Frage: Wie viel Gewicht musst du tragen?

Rechnung:

Antwort: ______________________________

116 Nachwuchs bei den Braunbären

Die Braunbärin hat Nachwuchs bekommen. Alle Bärenkinder sind gleich schwer. Die 3 Bärenkinder wiegen zusammen 33 kg.

Frage: ____

Rechnung: ____

Antwort: ____

117 Hannah und ihre Mutter

Hannah und ihre Mutter wiegen zusammen 105 kg. Die Tochter wiegt genau halb so viel wie ihre Mutter.

Fragen: a) Wie schwer ist Hannah?

b) Wie viel wiegt die Mutter?

Rechnung:

Antworten: a) Hannah wiegt ________ kg.

b) Die Mutter wiegt ________ kg.

Tipp:

1 Kilogramm = 1000 Gramm
1 kg = 1000 g

118 In der Süßwarenabteilung

Im Kaufhaus wurden gestern sieben 100-g-Tafeln Schokolade, sechs 25-g-Mini-Tafeln und eine 250-g-Schachtel Pralinen verkauft.

a) Wie viel ganze Kilogramm und wie viel Gramm Süßes wurde insgesamt verkauft?

Rechnung:

Antwort: ______________________________

____

b) Schreibe das Ergebnis auch als Kommazahl.

____

119 Schwere Fahrzeuge

Wie schwer sind diese Fahrzeuge?

a) Ein Traktor wiegt 2 t. Ein Bus ist 5-mal so schwer.

Frage: ______________________________

Rechnung: ______________________________

Antwort: ______________________________

b) Ein Lkw wiegt 25 t. Eine Boeing 747 ist 15-mal so schwer.

Frage: ______________________________

Rechnung:

Antwort: ______________________________

120 Auf dem Gemüsegroßmarkt

Ein Lieferwagen kann mit 1 t beladen werden. Im Großmarkt wird er mit 250 kg Kartoffeln, 190 kg Äpfeln und 380 kg Apfelsinen beladen. Wie viel kg Bananen können noch aufgeladen werden?

Rechnung:

Antwort: ______________________________

____

Tipp:

1 Tonne = 1000 Kilogramm
1 t = 1000 kg

Tipp:

1 Minute = 60 Sekunden
1 min = 60 s

121 Der Schwimmwettbewerb

Das Wettschwimmen:
Franka ist nach 58 s im Ziel. Jenny braucht 65 s.
Sara benötigt sogar 87 s. Berechne den Zeitunterschied zu Franka.

Rechnung:

Antwort: ______________________________

____

____

122 Rita ist in Eile

Rita will in einer Viertelstunde für den Ausflug fertig sein. Für Ihre Hausaufgaben braucht sie noch 10 Minuten. Ihr Brötchen richtet sie sich innerhalb von 2 Minuten, das Zähneputzen dauert 3 Minuten. Die Jacke hat sie in 2 Minuten gefunden und angezogen. Ist Rita rechtzeitig fertig geworden?

Rechnung:

Antwort: ____________________

____

____

123 Die Schwimm-Staffel

Die Ergebnisse der Schwimm-Staffel:
Staffel 1 braucht 3 min 41 s.
Staffel 2 kommt 19 s später als Staffel 1 ins Ziel.
Staffel 3 ist 8 s schneller als Staffel 1.
Staffel 4 ist gleich schnell wie Staffel 1.
Welche Staffel ist die Siegermannschaft?

Rechnung:

Staffel 2: ____________________

Staffel 3: ____________________

Staffel 4: ____________________

Antwort: ____________________

124 An der Bushaltestelle

Fredi steht an der Haltestelle. Sein Bus ist seit 6 Minuten weg. Die Busse fahren alle halbe Stunde. Wie lange muss Fredi auf den nächsten Bus warten?

Rechnung:

Antwort:

Tipp:

1 Stunde = 60 Minuten
1 h = 60 min

125 Jennys Ferien

Jenny hat in diesem Jahr 6 Wochen Sommerferien, 5 Tage Herbstferien, 11 Tage Weihnachtsferien und 1 Woche Osterferien. Wie viele Ferientage sind es insgesamt?

Rechnung:

Antwort: ______________________________

____

Tipp:

1 Woche = 7 Tage

126 Endlich Schulferien

Die Sommerferien dauern dieses Mal 6 Wochen und 4 Tage.

a) Wie viele Tage sind das genau?

b) Du schläfst etwa 8 Stunden an einem Tag. Wie viele Stunden der Sommerferien verschläfst du?

Rechnung:

Antwort a): ______________________________

Antwort b): ______________________________

____

127 Ein tropfender Wasserhahn

Mike beobachtet den tropfenden Wasserhahn. Er misst mit der Stoppuhr, dass alle 10 Sekunden ein Tropfen fällt. Nach 1 Minute und 40 Sekunden hat er keine Lust mehr zuzuschauen. Wie viele Wassertropfen hat er gesehen? Fülle die Tabelle aus.

Zeit in s	10	40	60	
Anzahl der Wasssertropfen	1			

Antwort: ______________________________________

____

128 Die kaputte Waschmaschine

Ingas Mutter möchte wissen, wie lange der Monteur an ihrer Waschmaschine gearbeitet hat. Er hat um 14.00 Uhr angefangen. Um 14.35 Uhr ist er ins Lager gefahren, um Ersatzteile zu holen. Um 15.05 Uhr kam er zurück und war um 15.25 Uhr fertig.

Benutze einen Rechenstrich:

Antwort: ______________________________

____

Tipp:

Um mit Minuten und Stunden sicher rechnen zu können, kannst du dir einen **Rechenstrich** anlegen. Schau dir das folgende Beispiel einmal genau an:

Jetzt ist es 13.00 Uhr. Vor einer Stunde und 18 Minuten begann der Ausflug. Wie spät war es da?

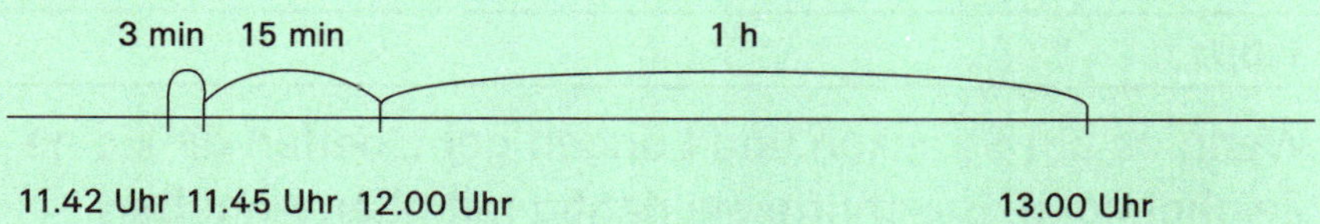

Antwort:
Der Ausflug begann um 11.42 Uhr.

129 Eine Fahrradtour am Wochenende

Lisa, Tim und ihr Vater machen eine Fahrradtour. Bis zur ersten Pause legen sie 21 km zurück. Dann fahren sie 18 km bis zu einem Hotel. Dort übernachten sie. Am nächsten Morgen fahren sie auf einer anderen Strecke wieder nach Hause. Diese letzte Etappe beträgt 26 km. Nach 6 km bemerkt Tim, dass er sein Regencape im Hotel vergessen hat. Sie radeln zurück, um es zu holen.

Frage 1: Wie viele Kilometer fahren sie insgesamt?
Frage 2: Wie viele Kilometer beträgt die Rundstrecke?

Raum für deine Überlegungen:

Antwort 1: ______________________________

____

Antwort 2: ______________________________

____

Tipp:

Wenn es um Strecken und Längen geht, helfen dir kleine Zeichnungen. Beschrifte sie richtig mit allen Angaben. So könnte der Anfang einer Zeichnung für diese Textaufgabe aussehen:

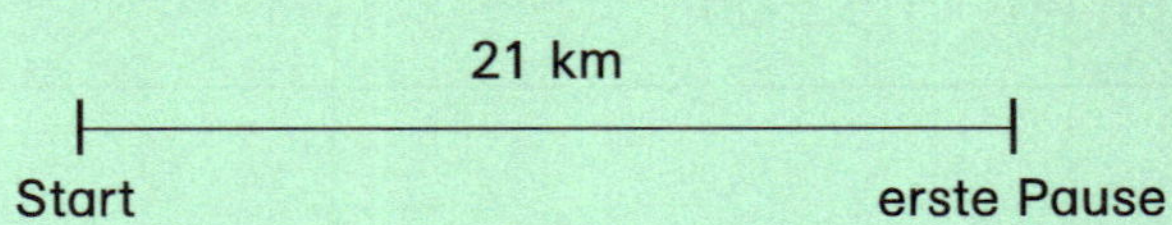

Tipp:

Bei einigen Textaufgaben helfen dir Tabellen oder Listen, wie z. B. Preislisten. Mit solchen Listen oder Tabellen kannst du leicht von einem Wert zum anderen kommen. Natürlich musst du dabei die richtige Rechenart erkennen und anwenden.

Beispiel:

Stück	Preis
1	0,50 €
2	1,00 €
5	2,50 €
10	5,00 €

(· 2: von 1 zu 2; · 5: von 1 zu 5; · 10: von 1 zu 10)

130 Die Trinkgläser

Herr Müller bietet in seinem Laden Trinkgläser für Kinder an. Sie werden in Packungen zu je 6 Stück verkauft. In der letzten Woche verkaufte er 132 Gläser. Vor zwei Wochen waren es 96 Gläser und in dieser Woche schon 66 Gläser. Wie viele Packungen verkaufte er insgesamt?

Tipp:

Lege dir eine Tabelle oder Liste an!

Rechnung:

Antwort: ______________________________

____

131 Der Weg in die Stadt

Iris ist auf dem Weg in die Stadt. Um 14.45 Uhr nimmt sie den Bus und kommt um 15.07 Uhr an der U-Bahn-Station an. Mit der U-Bahn fährt sie um 15.13 Uhr weiter und kommt 10 Minuten später an ihrem Ziel an. Wie lange ist Iris von der Bushaltestelle bis zu ihrem Ziel unterwegs?

Tipp:

Die Lösung fällt dir vielleicht leichter, wenn du eine Uhr benutzt!

Raum für deine Überlegungen:

Antwort: ______________________________

____

132 Wanderung mit Frau Hansen

Frau Hansen macht mit den 24 Schülern ihrer Klasse eine Wanderung von 6 km 800 m. Wie viel Meter ist jedes Kind gegangen?

Tipp:
Lies den Text ganz genau!

Raum für deine Überlegungen:

Antwort: ______________________________

____

3. Schuljahr

genau lesen

Komplexe Textaufgaben

4.
Schuljahr

Signalwörter erkennen

Textverständnis

Tipp:

Wenn du den Aufgabentext sorgfältig liest, kannst du oft Signalwörter entdecken, die dir die Rechenarten verraten, die du anwenden musst. Beispiele sind: **insgesamt** für +, **aufgeteilt** für :, **mal** für · oder **abgeben** für –. Unterstreiche diese Wörter im Text, ebenso wie weitere wichtige Informationen für deine Rechnung.

133 Max ganz sportlich

Max geht viermal in der Woche laufen.
Jedes Mal läuft er 1 556 m.

Frage: ______________________________

____

Beachte die unterstrichenen Wörter, und rechne hier:

Antwort: ______________________________

____

134 Getränke für Herrn Stürmers Kiosk

In den Sommerferien bestellt Herr Stürmer dreimal pro Monat für seinen Kiosk je 40 Kästen Mineralwasser. Und zweimal im Monat je 30 Kästen Limonade. Wie viele Kästen mit Getränken bekommt er insgesamt in einem Monat? Unterstreiche alle Signalwörter.

Rechnung:

Antwort: ______________________________

____

135 Urlaub in der Türkei

Die Familien Garner und Habrecht haben für den Urlaub in der Türkei ein Ferienhaus gemietet. Für 3 Wochen müssen sie zusammen 3 324 Euro zahlen. Wie viel Euro muss jede Familie pro Woche zahlen? Unterstreiche alle Signalwörter.

Rechnung:

Antwort: ______________________________

____

136 Fenster im Neubau

Um Fenstergriffe in einem Neubau zu montieren, sind pro Fenster 4 spezielle, rostfreie Schrauben nötig. Der Monteuer kauft genau die passende Menge. Für die großen Fenster kauft er 52 Schrauben, für die kleineren 68 Schrauben. Wie viele Fenster befinden sich insgesamt in dem Neubau? (Unterstreiche zuerst die Signalwörter im Text!)

Rechnung:

Antwort: ______________________________

____

137 Der verpasste Bus

Als Anni ihre Freundin Britta besuchen will, kommt sie 6 Minuten zu spät an der Haltestelle an. Die Busse fahren alle 20 Minuten.

Damit dir der Anfang nicht so schwerfällt, findest du hier den Beginn von Fragen, die du benutzen kannst.

Wie viele Minuten muss Anni auf den ...?
In wie viel Minuten fährt ...?

Frage: ______________________________

____

Rechnung: ______________________________

Antwort: ______________________________

____

Tipp:

Aufgabentexte, die keine Frage haben, fordern dich heraus, aus einem Text eine Mathematikaufgabe zu bilden.

- Achte deshalb auf Zahlen- und Größenangaben. Wenn es um eine bestimmte Größenangabe geht, nimm sie mit in deine Frage auf. Rechnen kannst du nur mit den Angaben, die im Text stehen.
- Eine schlüssige Antwort formulierst du am besten, wenn du den Text der Frage so umstellst, dass du nur noch die Lösung einsetzen musst.

138 Kino am Samstag

Max und Andy haben am Samstag einen Kinonachmittag geplant. Max' Vater spendiert die Karten und bringt die Kinder auch zum Kino.

Frage: ____________________

____

____

____

____

Rechnung: ____________________

Antwort: ____________________

____

Tipp:

Achte neben dem Aufgabentext auch auf Abbildungen, denn erst der Aufgabentext und alle zusätzlichen Informationen führen zur passenden Frage.

4.
Schuljahr

sinnvolle Antworten formulieren

Textverständnis

139 Sporttag an der Apfelbachschule

Welche Antworten sind richtig? Kreuze diese an.
Sarah springt am Sporttag der Apfelbachschule 3,20 m weit. Ihr Bruder Torben springt 40 cm weniger. Julia springt 72 cm weiter als Torben, und Markus springt genauso weit wie Sarah. Wie weit springen die einzelnen Kinder?

Rechnung:

Antworten:
- ☐ Markus springt 3,20 m.
- ☐ Torben springt 40 cm weniger als Julia.
- ☐ Markus springt 2,30 m weit.
- ☐ Julia springt 72 cm weit.
- ☐ Die Apfelbachschule springt 3,20 m.

Antwort: ______________________________

____

Tipp:

Um eine richtige Antwort zu formulieren, ist es sinnvoll, sich vorher noch einmal die Frage gut durchzulesen. Nicht immer sind jedoch Fragen angegeben, manchmal geht es auch darum, Texte ganz genau zu lesen und mögliche Antworten auszuwählen.

140 Auf dem Neckar unterwegs

Fülle die Tabelle aus, und vervollständige die Antworten.
Die Fahrtdauer ist immer gleich.

Neckar-Schifffahrt

Anlegestelle	**Abfahrt Samstag**	**Abfahrt Sonntag**	**Abfahrt Feiertag**
Bad Cannstatt	10.55 Uhr	8.45 Uhr	
Mühlhausen	11.40 Uhr		
Aldingen	11.55 Uhr		14.12 Uhr
Neckargröningen	12.15 Uhr		
Poppenweiler	12.30 Uhr		
Hoheneck	12.55 Uhr		
Benningen	13.40 Uhr		

Die Schifffahrt von Neckargröningen nach Benningen dauert immer ____________ .

Die Fahrt von Bad Cannstatt nach Mühlhausen dauert immer so lange wie die Fahrt von ______________________ nach ______________________ , nämlich ____________ min.

Das Schiff ist insgesamt ______________________ unterwegs.

141 Aufgabentext gesucht

Welcher der folgenden Texte passt zu dieser Aufgabe?

$$\begin{array}{r} 2006 \\ - \quad 43 \\ \hline \end{array}$$

a) Vater hat 2006 € auf seinem Konto. Er hebt 43 € ab. Wie viel Euro sind nun noch auf seinem Konto?

b) Ines will wissen, in welchem Jahr ihr Vater geboren wurde. Der gibt ihr aber nur den Tipp, sein Alter von der jetzigen Jahreszahl 2006 abzuziehen.

c) Tom überlegt: „Mein Vater ist jetzt 43 Jahre alt. In welchem Jahr ist er doppelt so alt?"

d) Im Jahr 2006 findet Vater auf seinem Dachboden ein Fotoalbum. „1963" steht darauf. Wie alt ist es?

Antwort: ____

____

142 Welcher Text passt?

Welcher der folgenden Texte passt zu dieser Aufgabe?

$$\begin{array}{rr} & 15{,}00\ € \\ & 6{,}00\ € \\ + & 0{,}50\ € \\ \hline \end{array}$$

a) Ninas ältere Schwester ist 15 Jahre alt, ihr Bruder 6 Jahre alt. Nina selbst hat 50 Cent. Wie viel ist das zusammen?

b) Klaus kauft für seine Pfadfinderausrüstung eine Taschenlampe für 15 € und Batterien für 6 €. Der Verkäufer gibt ihm die Taschenlampe um 50 ct billiger.

c) Anna kauft mit ihrer Mutter im Lebensmittelladen für 15 € ein, beim Metzger für 6 € und am Kiosk sucht sie sich einen Kaugummi für 50 ct aus. Wie viel Euro gaben die beiden insgesamt aus?

d) Vater bezahlt an der Tankstelle für Öl 15 €, für eine Wagenwäsche 6 € und für Benzin 50 €. Wie viel gibt er insgesamt aus?

Antwort: ______________________________

____

143 Olafs Sparkonto

Olaf hat vergessen, wie viel Geld er ursprünglich auf seinem Sparkonto hatte. Gestern hat sein Vater für ihn 227 € für ein Keyboard abgehoben, das Olaf schon länger haben wollte. Nun sind noch 433 € auf seinem Konto. Wie viel Euro hatte Olaf ursprünglich auf seinem Konto?

Rechenbaum:

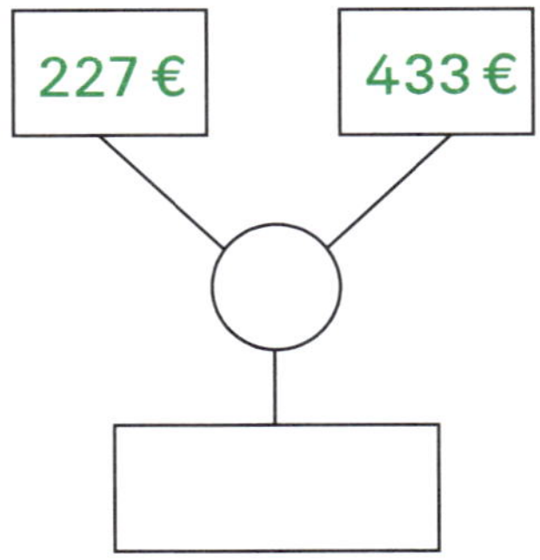

Rechnung:

Antwort: ______________________

____

____

Tipp:

Rechenpläne oder Rechenbäume sind sehr hilfreich. Für die Größen- und Zahlenangaben in der Textaufgabe sind im Plan Felder reserviert. In die Kreise gehören die richtigen Rechenzeichen. Das letzte Feld ist für die Lösung vorgesehen.

144 Die kaputte Spülmaschine

Die Spülmaschine ist kaputt. Der Reparaturdienst muss kommen. Für die Fahrt zu der Wohnung und für die Reparatur braucht der Monteur insgesamt 2,5 Stunden. Er berechnet pro Stunde 42 €. Hinzu kommen noch die Kosten für die Ersatzteile in Höhe von 124,50 € und für die Fahrt in Höhe von 18 €. Wie viel kostet die Reparatur insgesamt?

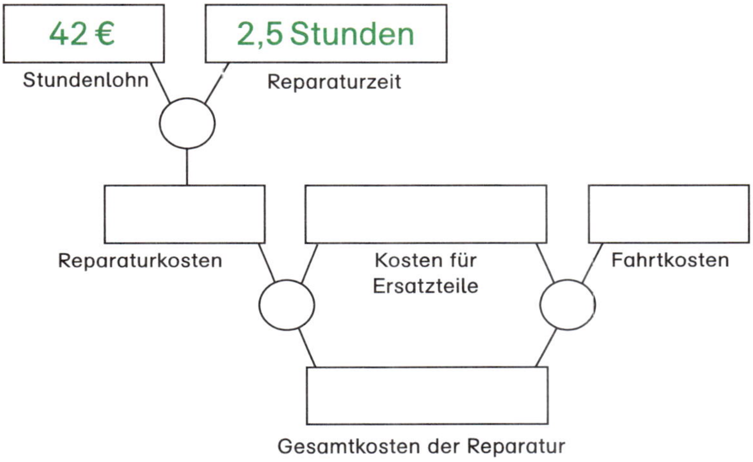

Rechnung:

Antwort: ____

____

145 Ein Geldgeschenk für Mira

Mira hatte gestern noch 173 € auf ihrem Sparkonto. Heute sind es 243 €, denn ihr Patenonkel hat ihr zum Geburtstag Geld geschickt. Wie viel Euro hat der Patenonkel ihr geschenkt? Zeichne einen Rechenbaum, und fülle ihn aus.

Rechenbaum:

Antwort: ______________________________

____

146 Jahrgang 4 an der Kampschule

Welche Informationen kannst du dem Schaubild (Säulendiagramm) entnehmen?

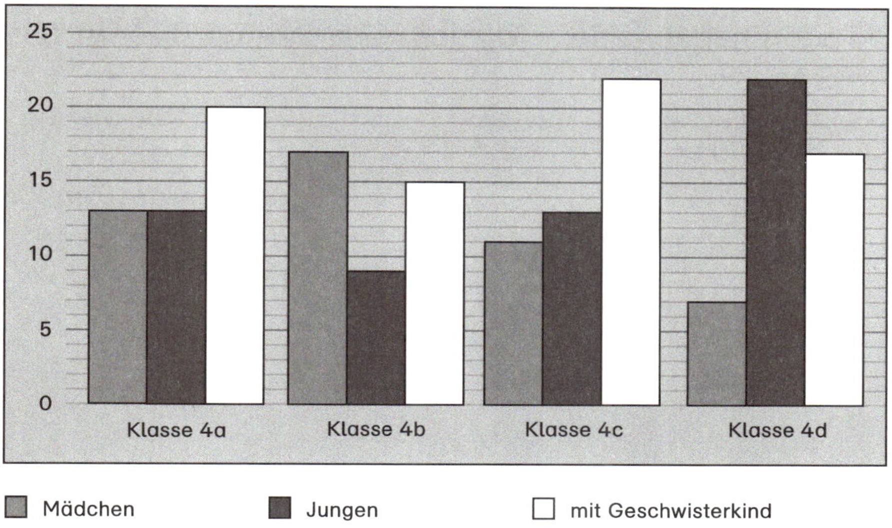

Vervollständige die Sätze:

Die Klasse 4a hat _____ Schüler.

Die Klasse 4b besteht aus _____ Mädchen.

_____ Schüler haben ein Geschwisterkind.

Die Klasse 4c hat _____ Mädchen und _____ Jungen.

Streiche die falsche Aussage durch:

Die Klasse 4d hat weniger/mehr Mädchen als Jungen.

Tipp:

An Diagrammen oder Schaubildern kannst du z. B. Umfrageergebnisse leicht ablesen. Auf dieser und den folgenden Seiten kommen Säulen- und Balkendiagramme vor, d. h. die Zahlen werden als Säulen oder Balken dargestellt.

147 Umweltschutz im Unterricht

a) Lea hat gelernt, dass Flaschen zum Umfüllen umweltfreundlicher als Trinkpäckchen sind. Die Kinder stellten in der Schule durch eine Umfrage fest, wie viele Trinkpäckchen an einem Tag getrunken werden. Hier ist das Ergebnis:

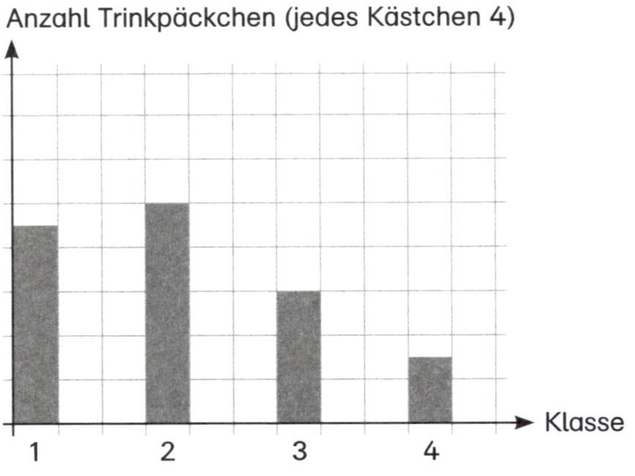

Frage: Wie viele Trinkpäckchen wurden am Tag der Umfrage verbraucht?

Rechnung: ______________________________

Antwort: ______________________________

b) Etwas später ergab eine neue Umfrage folgende Ergebnisse: In den 1. Klassen hatten 8 Kinder noch je ein Trinkpäckchen, in den 2. Klassen waren es auch 8, in den 3. Klassen waren es 2 und in den 4. Klassen 6 Kinder. Erstelle ein Säulendiagramm.

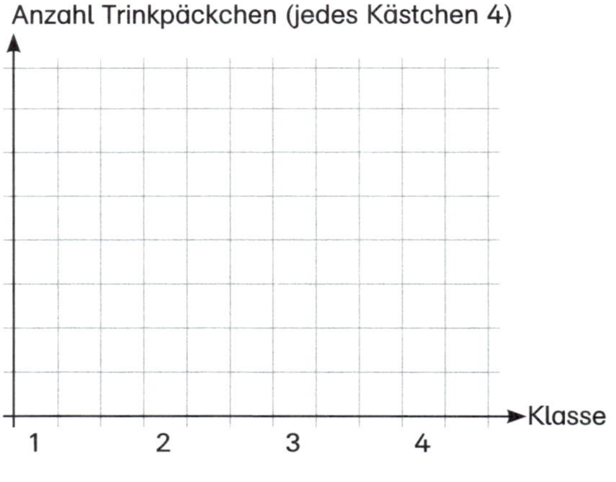

Tipp:

Eine sinnvolle Einteilung von Rechenkästchen oder die Benutzung eines Lineals ist wichtig für die Erstellung von Diagrammen. Um Werte richtig zuordnen und ablesen zu können, musst du die Pfeile an den Diagrammachsen beschriften.

148 Schülerzahlen an der Charlottenschule

Die Schülerzahlen an der Charlottenschule haben sich in den letzten Jahren folgendermaßen entwickelt: 2002 gab es 186 Kinder, 2003 waren es 180 Kinder, 2004 dann 194 Kinder, 2005 gab es 192 Kinder und 2006 waren 206 Kinder an der Schule. Führe das Balkendiagramm zu Ende. Benutze dabei ein Lineal.

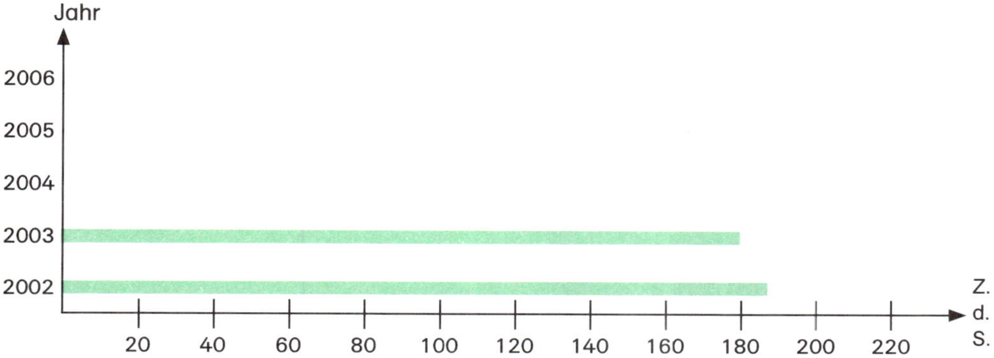

Z.d.S. bedeutet: Zahl der Schüler
(für je 2 Schüler 1 mm)

149 Stundenlohn in der Fahrradwerkstatt

Eine Fahrradwerkstatt berechnet 20 Euro Arbeitslohn pro Stunde. Wie hoch sind die Lohnkosten bei einer Arbeitszeit von 30 min, 1h 30 min, 2 h 30 min, 3 h?

Arbeitszeit	30 min	1 h	1 h 30 min	2 h 30 min	3 h
Kosten					

Rechnung:

150 PC-Zubehör

Herr Müller kauft für seinen PC einen Drucker zu 151,50 €. Außerdem benötigt er ein Kabel zu 10,95 € und eine Farbpatrone für Fotos zu 36,80 €. Er bezahlt mit einem 200-Euro-Schein.

Frage: ______________________________

____

Rechnung:

Antwort: ______________________________

____

Tipp:

Die Rechenaufgabe ist im Text versteckt: Herr Müller kauft **mehrere** Sachen: einen Drucker **und** ein Kabel **und** eine Patrone. Nimm dir deshalb beim Lösen von Textaufgaben Zeit, die Texte aufmerksam zu lesen, damit du sie genau verstehst.

151 Ein Schulausflug mit dem Bus

Die drei vierten Klassen einer Schule machen einen Ausflug. Die Fahrt kostet für jeden Erwachsenen 6 € und für jedes Kind 3 €. Wie viel Euro kostet die Fahrt insgesamt?

Klasse 4a:
26 Kinder
2 Erwachsene

Klasse 4b:
24 Kinder
3 Erwachsene

Klasse 4c:
23 Kinder
2 Erwachsene

Rechnung:

Antwort: ______________________________

____

152 Tischtennis in der Schule

Eine Grundschule hat bei einem Wettbewerb 30 Tischtennisschläger gewonnen. 2 weitere spendete ein Lehrer. Zu jedem Schläger gehören 3 Bälle. Alles soll an die 8 Klassen verteilt werden.

Frage: ______________________________

____

Rechnung:

Antwort: ______________________________

____

153 Einkauf für die weiterführende Schule

Mika kommt auf die weiterführende Schule. Er soll zwei Ordner, einen Taschenrechner, einen Füller und einen Karteikasten anschaffen. Einen Füller hat er schon, den Rest will er heute kaufen. Rechne aus, wie viel Euro er insgesamt bezahlen muss, indem du schriftlich addierst.

Rechnung:

Antwort: ______________________________

____

4. Schuljahr

Addition (schriftliches Addieren von Kommazahlen)

Grundrechenarten

154 Ein neues Motorrad

Herr Spatz spart für ein neues Motorrad. Er findet ein tolles Angebot: Für 21 589,98 € bekommt er zu dem gewünschten Motorrad noch ein Navigationssystem dazu. Herr Spatz hat bereits 9 568,45 € gespart.

Frage: ______________________________

____

Rechnung:

Antwort: ______________________________

____

155 Fußballbilder

Auf dem Flohmarkt hat Lukas 159 Fußballbilder zu je 30 Cent verkauft. Wie viel Euro nahm er ein?

Rechnung:

Antwort: ______________________________

____

156 Der Zirkus ist da

Den Zirkus besuchten am Nachmittag 98 Kinder und 73 Erwachsene.

Frage: ______________________________

____

Rechnung:

Antwort: ______________________________

____

Tipp:

Nicht nur Texte liefern wichtige Informationen, sondern auch Zeichnungen oder Fotos. Dann musst du die Informationen sinnvoll verbinden, um sie richtig nutzen zu können.

157 Fernseher im Sonderangebot

125 kleine Fernseher wurden zum Sonderpreis von 106 € pro Stück angeboten. 4 Geräte funktionierten nicht. Der Preis wurde zurückerstattet. Bei 6 weiteren Geräten wurde der Preis noch einmal um 10 € gesenkt.

Frage: ____

____

Rechnung:

Antwort: ____

____

158 Eine neue Klassenlektüre

Die Lehrerin kauft für ihre Klasse eine neue Lektüre, 23 Bände zu je 4,75 €. Wie viel Euro muss sie von den Kindern insgesamt einsammeln?

Rechnung:

Antwort: ______________________________

____

159 Auf dem Trimm-Pfad

Johannes läuft einmal in der Woche den Trimm-Pfad, um sich fit zu halten. Der Pfad ist genau 4,568 km lang. Er überlegt: Wie viele Kilometer läuft er im Monat?

Rechnung:

Antwort: ______________________________

____

160 Die neuen Steinplatten

a) 2648 Platten sollen in 4 Reihen verlegt werden. Wie viele Platten passen in jede Reihe?

b) Jetzt sollen es 8 Reihen sein. Wie viele Platten liegen nun in jeder Reihe?

Rechnung:

Antwort a): ______________________________

____

Antwort b): ______________________________

____

161 Marcs und Irinas Schulweg

Marc und Irina stoppten, dass sie von zu Hause bis zur Schule 1 140 Sekunden brauchten. Max konnte sich unter dieser Angabe nun gar nichts vorstellen.

Frage:

Rechnung:

Antwort:

Tipp:

Größen werden manchmal in einer anderen Einheit angegeben als die, die man gewohnt ist. Dann musst du **umrechnen**.

Tipp:

Nicht immer lassen sich Mengen gleichmäßig oder „gerecht“ verteilen. Es bleibt ein Rest übrig. Aber Achtung! Der Rest darf nie größer sein als die Zahl, durch die du teilst. Denn dann könntest du den Rest ja noch einmal teilen.

162 Das Schulfest

Die Einnahmen des Schulfestes betrugen 2 476 Euro. Nach Abzug von 218 Euro für Unkosten sollen die 9 Klassen je einen glatten Eurobetrag von dem Geld erhalten.

Frage: ______________________________

____

Rechnung:

Antwort: ______________________________

____

163 Das neue Fußballstadion

Für ein neues Fußballstadion wurden 53 525 Sitzplätze in 6 gleich großen Blöcken geplant. War die Planung gut durchdacht?

Rechnung:

Antwort: ______________________________

____

____

Tipp:

Es gibt unterschiedliche Schreibweisen, wie man den Rest neben dem Ergebnis notieren kann.

Beispiel:

503 : 3 = 167 + **2 : 3**	503 : 3 = 167 **R 2**
3	3
20	20
18	18
23	23
21	21
2 ➔ **Rest 2**	2 ➔ **Rest 2**

Beide Schreibweisen sind gebräuchlich. Notiere den Rest so, wie du es in der Schule gelernt hast.

164 Pralinen für das Schulfest

Auf dem Schulfest möchte die Klasse 4a Beutel mit selbst gemachten Pralinen verkaufen. Sie haben insgesamt 686 Pralinen hergestellt. In einen Beutel füllen die Kinder immer 6 Pralinen. Wie viele Beutel können sie auf diese Weise füllen? Wie viele Pralinen bleiben übrig?

Rechnung:

Antwort: ____

____

165 Das neue Kinderzimmer

Marions Eltern möchten ihrer Tochter ein neues Kinderzimmer kaufen. Sie wollen es in Raten bezahlen.

Kaufpreis 987 €

Ratenzahlung:
Bei 3 Monatsraten zahlen Sie insgesamt 1 017 €,
bei 5 Monatsraten 1 025 €,
bei 7 Monatsraten 1 036 €.

Frage: ____

____

Rechnung:

Antwort: ____

____

166 Die Wasserflaschen

Für die beiden vierten Klassen einer Grundschule werden jeweils 4 Kisten Wasser gekauft. Sie kosten zusammen 10,56 €. In jeder Kiste sind 6 Flaschen. Leila überlegt, wie viel Cent wohl eine Flasche kostet?

Rechnung:

Antwort: ______________________________________

____

Tipp:

Leg dir beim schriftlichen Dividieren von Kommazahlen eine Art „innere Alarmglocke“ zu.

Wie das geht? Immer, wenn du beim Herunterholen der nächsten Stelle in der zu teilenden Zahl das Komma überschreitest, lass in deinem Kopf die Alarmglocken läuten!

Beispiel:

```
35,46 € : 2 = 17,
2
15
14
 1  ──────►
```

Jetzt müssen deine Alarmglocken läuten! Du überschreitest in der zu teilenden Zahl das Komma. Setze im selben Augenblick im Ergebnis ein Komma!

167 Ingas Geburtstagswunsch

Inga wünscht sich zum Geburtstag einen MP3-Player. Er kostet 76,20 €. Ihre 6 Freunde wollen zusammenlegen und ihr den Wunsch erfüllen. Wie viel Euro muss jeder bezahlen?

Rechnung:

Antwort: ______________________________

168 Wasser für die Fußballmannschaft

a) Der Trainer besorgt für seine Fußballmannschaft, bei der auch Tim mitspielt, für das anstrengende Fußballturnier in der nächsten Woche 16 Kästen Wasser mit je 6 Flaschen. Wie viele Flaschen sind das insgesamt?

Rechnung:

Antwort: ____________________

b) Er bezahlt pro Kasten insgesamt 3,90 €. Wie viel kostet dann eine Flasche?

Rechnung:

Antwort:

____

____

____

169 Evas Ersparnisse

Eva bringt ihr Sparschwein zur Bank. Sie möchte ihr Geld in möglichst wenige Scheine und Münzen umgetauscht haben.

Frage:

Wie file Scheine und Munzen krikt Eva

Rechnung:

1 1€ + 1 5€ = 26 €
2 €+ 4 6 Ct = 26,46 €

Antwort: Eva Kigt von der Bank 26€ 4 6 Ct

170 Preisvergleich

Du sollst 1 kg Mehl, 1 kg Zucker und 1 kg Grieß kaufen.

	Supermarkt	**Kaufhaus**
1 kg Mehl	0,89 €	0,98 €
1 kg Zucker	1,05 €	0,95 €
1 kg Grieß	1,17 €	1,26 €

a) Wie viel musst du dafür im Supermarkt bezahlen?

b) Was kostet es im Kaufhaus?

c) Wo ist es günstiger zu kaufen? Wie viel Geld könntest du also sparen?

Deine Rechnungen:

Antwort a): ______________________________

____

Antwort b): ______________________________

____

Antwort c): ______________________________

____

171 Sonderangebot beim Metzger

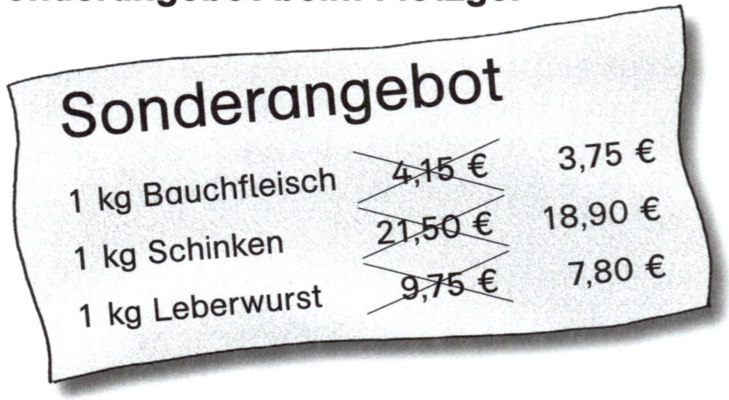

Die Mutter will 1 kg Bauchfleisch, 1 kg Schinken und 1 kg Leberwurst kaufen.

a) Was hätte sie vor dem Sonderangebot bezahlen müssen?

b) Sie hat das Sonderangebot berücksichtigen können. Wie viel musste sie bezahlen?

c) Wie viel Geld hat sie gespart?

Deine Rechnungen:

Antwort a): ____________________

____

Antwort b): ____________________

____

Antwort c): ____________________

____

172 Ein toller Tag mit Mama

Frau Schmidt geht mit ihrer 6-jährigen Tochter in ein Café. Dort trinken beide ein Glas Limo. Anschließend fahren sie Ruderboot. Danach bringt sie der Bus zum Theater. Nach der Vorstellung essen sie je ein Stück Pizza.

1 Glas Limo: 85 ct

Erwachsene: 3,30 €
Kinder: 1,80 €

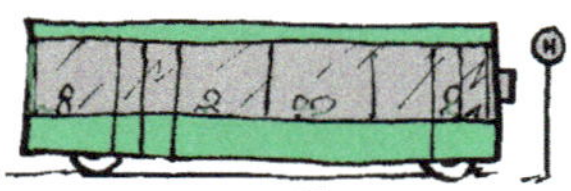

Erwachsene: 1,80 €
Kinder: 0,90 €

Erwachsene: 7,50 €
Kinder: 4,20 €

Stück: 1,50 €

Frage:

____

____

Antwort:

____

____

Rechnung:

4. Schuljahr

Geld (Euro, Cent)

Rechnen mit Größen

173 Einkauf beim Bäcker

Frau Koch kauft beim Bäcker 6 Brötchen zu je 25 ct, 4 Stück Kuchen zu je 1,25 € und ein Brot für 2,75 €.

a) Wie viel muss sie bezahlen?

b) Sie hat 50 € dabei. Wie viel bekommt sie zurück?

Deine Rechnungen:

Antwort a): ______________________________

Antwort b): ______________________________

174 Auf der Laufbahn

Die Laufbahn um einen Sportplatz ist insgesamt 425 m lang.

a) Martin ist 15 Runden gelaufen. Welche Strecke ist das?

b) Peter hat sogar 18 Runden geschafft. Wie weit ist er gelaufen?

c) Eigentlich wollten sie 10 km laufen. Welche Strecken fehlen ihnen jeweils noch?

Deine Rechnungen:

Antwort a): ______________________________

Antwort b): ______________________________

Antwort c): ______________________________

____

175 Mit dem Flugzeug nach Sydney

Ein Auswanderer fliegt 16 Stunden von Frankfurt nach Perth. Das Flugzeug fliegt im Durchschnitt 872 km pro Stunde (km/h). Von Perth nach Sydney nimmt er ein anderes Flugzeug. Wie viele Kilometer ist er insgesamt geflogen?

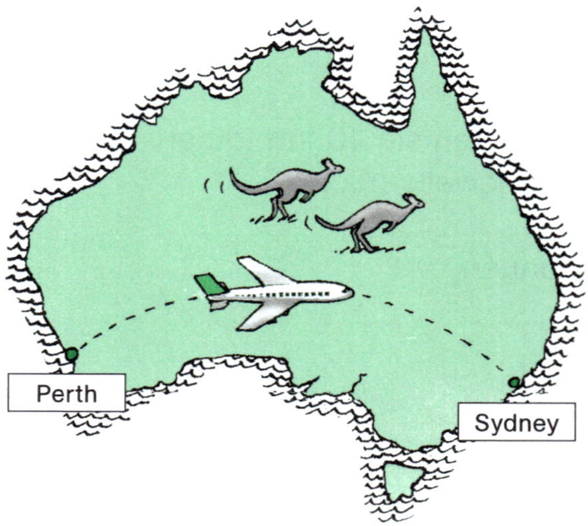

Flugzeit: 4 Stunden bei 804 km/h

Rechnung:

Antwort: ______________________________

____

176 Fahrradtour zum Wiesensee

Rebecca, Manuel und Carsten machen eine Fahrradtour zum Wiesensee. Rebecca holt Manuel ab. Er wohnt 3 500 m weit von ihr entfernt. Gemeinsam fahren sie die 2 km zu Carstens Haus. Von dort sind noch 4 km und 350 m bis zum Wiesensee.

a) Wie viel Kilometer und Meter fährt Rebecca insgesamt, wenn sie den gleichen Weg wieder zurückfährt?

Rechnung:

Antwort: Rebecca fährt insgesamt _____ km und _____ m.

b) Wie viel Kilometer fährt Manuel insgesamt? Schreibe mit Komma.

Rechnung:

Antwort: Manuel fährt insgesamt _____ , _____ km.

c) Wie viel Meter legt schließlich Carsten zurück?

Rechnung: ____

Antwort: Carsten fährt insgesamt _______ m.

177 Eine schwere Einkaufstasche

Verena will wissen, wie schwer die Einkaufstasche ist, die sie trägt. Zu Hause schreibt sie untereinander auf, welche Gewichte auf den Packungen aufgedruckt sind: 4 Becher Joghurt zu je 125 g; 3 Tafeln Schokolade zu je 100 g; 250 g Butter und 1 Tüte Fruchtgummi zu 60 g. Wie viel kg hat Verena getragen? Das Gewicht der Verpackungen und der Tasche beträgt 0,4 kg.

Rechnung:

Antwort: ______________________________

____

178 Ein Päckchen für Oma

a) Mutter packt ein Geschenkpäckchen. Es enthält 250 g Kaffee, eine Pralinenpackung zu 125 g und ein Buch (Gewicht: $\frac{1}{2}$ kg). Die Verpackung wiegt 135 g. Wie schwer wird das Päckchen?

Rechnung: Antwort:

b) Das Höchstgewicht für Päckchen beträgt 2 kg. Wie viel könnte noch hinein?

Rechnung: Antwort:

Tipp:

1 t = 1 000 kg   1 kg = 1 000 g   0,5 kg = $\frac{1}{2}$ kg = 500 g

Die erste Ziffer hinter dem Komma nennt die 100-g-Teile. Wenn es keine 10-g-Teile und keine 1-g-Teile gibt, kannst du sie als Nullen aufschreiben oder weglassen. Meistens wirst du die Schreibweise ohne Nullen finden.

Beispiel: 1,6 kg = 1 kg und 600 g oder 1,6**00** kg

179 Pfirsiche in Opas Garten

Ferdi hat im Garten seines Opas 15 reife Pfirsiche vom Baum gepflückt. Im Durchschnitt wiegt jeder 115 g. Wie viel kg und g wiegen dann alle zusammen?

Rechnung:

Antwort: ______________________________

____

180 Der Lastenaufzug

a) Mit einem Lastenaufzug sollen Kisten befördert werden. Sie wiegen 81,750 kg, 65,800 kg, 925 kg und 77 kg. Wie schwer sind sie insgesamt?

Rechnung:

Antwort: ______________________________

____

b) Der Aufzug darf nur 1,500 t transportieren. Wie viel könnte noch zugeladen werden?

Rechnung:

Antwort: ______________________________

____

4. Schuljahr

Gewichte (t, kg)

Rechnen mit Größen

181 Verdunstung

Lina füllt das Babytrinkfläschen ihrer kleinen Schwester mit $\frac{1}{4}$ l Wasser und stellt es offen in die Sonne. Nach 3 Stunden liest sie an der Skala 237 ml ab.

a) Wie viel ml Wasser sind verdunstet?

Rechnung:

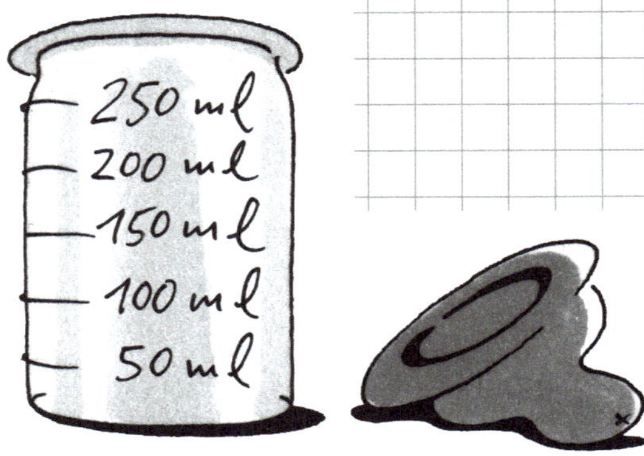

Antwort: ______________________________

b) Wandle das Ergebnis in l (Kommazahl) um.

umwandeln: ______________________________

Tipp:

1 l = 1 000 ml

0,5 l = $\frac{1}{2}$ l = 500 ml

0,25 l = $\frac{1}{4}$ l = 250 ml

Tipp:

Auf manchen Dosen, Flaschen und Tuben findest du Angaben wie 0,5 l, 1,2 l usw. Dies sind verkürzte Schreibweisen für 0,500 l, 1,200 l usw., bei denen die überflüssigen Nullen weggelassen wurden.

182 Der 5-l-Kanister

Aus einem 5-l-Kanister werden nacheinander 1,250 l, $1\frac{1}{2}$ l und 0,700 l ausgegossen.

a) Wie viel l sind das?

b) Wie viel l bleiben im Kanister?

Deine Rechnungen:

Antwort a): ______________________________

Antwort b): ______________________________

____

183 Mutters Lieblingskuchen

Für ihren Lieblingskuchen benötigt Mutter $\frac{1}{8}$ l Milch. Alle 5 Familienmitglieder mögen ihn so gerne, dass es zu jedem Geburtstag einen gibt. Wie viel Liter Milch verbraucht Mutter im Jahr für ihre Kuchen?

Rechnung:

Antwort: ______________________________

____

184 Geburtstage in der Familie

Tim hatte vor 10 Tagen Geburtstag. In 4 Stunden hat seine kleine Schwester Rebecca Geburtstag. Vor wie viel Minuten hatte Tim Geburtstag und in wie vielen Sekunden hat Rebecca Geburtstag?

Rechnung:

Antwort:

Tipp:

1 Stunde (h) = 60 min
1 min = 60 s

185 Unterricht an Karolas Schule

An Karolas Schule beginnt um 7.45 Uhr der Unterricht. Die erste Stunde dauert 45 min. Dann sind 5 min Pause. Die nächste Stunde ist wieder 45 min lang. Jetzt kommt eine große Pause von 20 min. Nach der dritten Stunde endet der Unterricht. Trage hier die Zeitpunkte ein, wann die Stunden und Pausen jeweils zu Ende waren.

7.45 Uhr	→		→		→
	→		→		

186 Jürgens Sonntagvormittag

Jürgen hat den Sonntagvormittag so verbracht:
8.45 Uhr aufstehen, 20 min waschen, 30 min frühstücken, 1 h spielen, 1 h 10 min fernsehen, 45 min lesen.
Dann musste er zum Mittagessen. Notiere hier die Zeitpunkte, wann er nach dem Waschen, Frühstücken usw. fertig war.

8.45 Uhr	→		→		→
	→		→		

Tipp:

Bei der Arbeit mit Zeitspannen können dir ein Zahlenstrich als Skizze oder Tabellen oft einen wertvolle Hilfe sein.

187 Treffpunkt Kino

Clara und Marc wollen sich um 15 Uhr vor dem Kino treffen. Clara braucht 16 Minuten bis dahin, Marc 22 Minuten. Um wie viel Uhr muss jeder losgehen, um pünktlich zu sein?

Deine Überlegung:

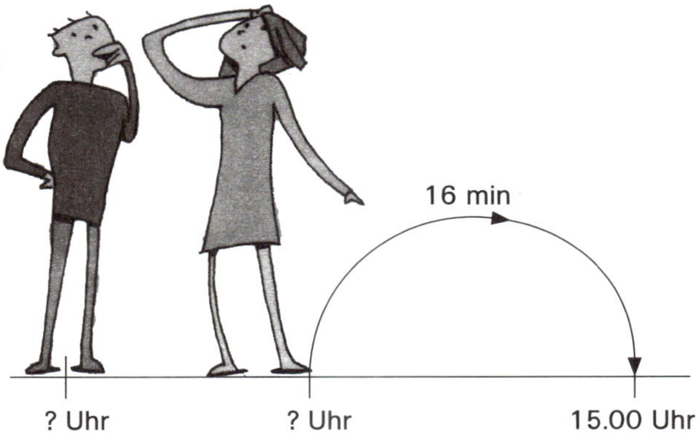

Antwort: ______________________________________

____

188 Mit dem Zug nach Düsseldorf

Ein Zug fährt um 16.22 Uhr in Hannover ab und erreicht nach 2 Stunden 51 Minuten Düsseldorf. Wie spät ist es dann?

Raum für deine Überlegung:

Antwort: ______________________________

189 Ausflug zur Talsperre

Familie Grünwald macht einen Ausflug zur Talsperre. Sie fahren um 9.15 Uhr von zu Hause los. Unterwegs halten sie für 20 Minuten an einem besonders schönen Aussichtspunkt an. Sie treffen um 11.05 Uhr an ihrem Ausflugsziel ein. Wie lang ist die reine Fahrzeit zur Talsperre?

Rechnung mit oder ohne Zahlenstrich:

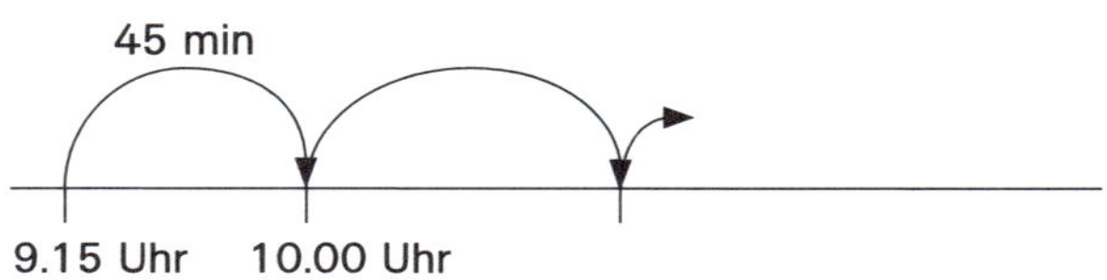

Antwort: ______________________________

Tipp:

Bei den folgenden Rechnungen geht es oft um einen Vergleich des Preises, des Gewichtes oder anderer Größen. Wichtig dabei ist: Es können nur die Sachen wirklich verglichen werden, die in der gleichen Anzahl/Einheit vorliegen. Bei vielen Aufgaben ist es hilfreich, erst auf die Anzahl 1 zurückzurechnen.

190 Kaninchenfutter im Angebot

Sonja muss für ihre Kaninchen Futter kaufen. Sie vergleicht folgende Preise:

Nagerglück (2 kg)	**Sparmeister (3 kg)**	**Kaninchentraum (5 kg)**
2,66 €	3,75 €	6,306 €

Welches Futter ist am günstigsten/teuersten?
(Tipp: Rechne auf 1 kg „zurück“)

Rechnung:

Antwort: ____

____

191 An der Freibadkasse

Jakob möchte ins Freibad gehen. An der Kasse liest er folgendes Schild:

Eintrittspreise:	
Kind	1,50 €
10er-Karte	10,20 €
Monatskarte (20-mal)	18,20 €

Wie teuer ist ein einzelner Eintritt bei einer 10er-Karte?
Wie teuer ist ein einzelner Eintritt bei einer Monatskarte?

Rechnung:

Antwort: ______________________________

____

____

192 Trinkpäckchen für die Abschlussfeier

Zwei vierte Klassen machen eine gemeinsame Abschlussfeier. Für jedes Kind wurde ein Trinkpäckchen eingekauft. Aus der 4a nahmen 23 Schüler und 7 Geschwisterkinder teil. Aus der 4b waren es zusammen 40 Kinder. Die Trinkpäckchen kosteten insgesamt 21 Euro.

Raum für deine Überlegungen:

Antwort: ______________________________

____

4. Schuljahr

Schlussrechnung

Komplexe Textaufgaben

193 Herrn Müllers Auto

Das Auto von Herrn Müller verbraucht durchschnittlich 6,4 l Superbenzin auf 100 km. Auf seiner letzten Tour legte er 385 km zurück.

Frage: ______________________________

____

Raum für deine Überlegungen:

Antwort: ______________________________

____

Tipp:

Bei dieser Aufgabe gibt es verschiedene Möglichkeiten, die Lösung zu finden. Auf jeden Fall hilft dir hier die Überlegung weiter: Wenn man für 100 km 6,4 l braucht, dann braucht man für …

Tipp:

Achtung! Diese Aufgabe funktioniert anders als die vorangegangenen. Stell dir die Situation vor und überlege genau.

194 Auf der Baustelle

Um den Schuttberg abzutragen, würden 20 Lastwagen 12 Stunden brauchen. Es stehen aber nur 10 Lastwagen zur Verfügung.

Frage: ______________________________

____

Raum für deine Überlegungen:

Antwort: ______________________________

____

Tipp:

Sicher kennst du aus der Schule das folgende Modell, das du zur Lösung verschiedener Aufgaben nutzen kannst.

Operationen und Umkehroperationen

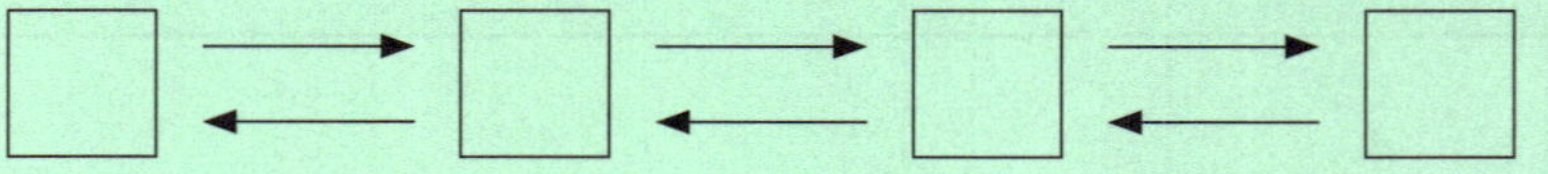

Über die Pfeile trägst du die jeweils geforderten Rechenoperationen (+, −, ·, :) ein und in ein bestimmtes Kästchen die Zahl, die du schon kennst. Alle anderen Zahlen lassen sich dann leicht berechnen.

195 Ich denke mir eine Zahl

Ich denke mir eine Zahl, multipliziere sie mit 4, subtrahiere 8, dividiere durch 2 und erhalte 48. Wie heißt meine Zahl?

Rechnung:

Antwort: ______________________________

196 Adrianas Bonbons

Vor einer Stunde aß Adriana 3 ihrer Bonbons. Danach bekam sie von ihrer Oma 5 Bonbons geschenkt. Anschließend teilte sie all ihre Bonbons mit ihrem Bruder. Jetzt hat sie noch 7 Bonbons. Wie viele Bonbons hatte sie am Anfang?

Rechnung:

Antwort: ____

197 CD im Sonderangebot

Bei einer CD wurde zweimal hintereinander der Preis gesenkt. Zuerst um 1,99 € und später noch einmal um 1,79 €. Jetzt kostet sie 16,12 €. Wie viel Euro hat sie ursprünglich gekostet?

Fülle die leeren Kästchen aus. Schreibe auch die passenden Rechenoperationen unter die grauen Umkehrpfeile.

?	− 1,99 € →		− 1,79 € →	16,12 €
	←		← + 1,79 €	

Antwort: ____

____

198 Ein Steckwürfelturm

Manuel hat aus all seinen bunten Steckwürfeln einen Turm gebaut. Anschließend nahm er die oberen 16 Würfel ab und steckte dann aber wieder 7 Würfel auf. Jetzt ist sein Turm 43 Würfel hoch. Aus wie vielen Würfeln bestand er ursprünglich?

Finde die Lösung der Gleichung, indem du zuerst die Pfeile und dann die Umkehrpfeile richtig beschriftest und rechnest.

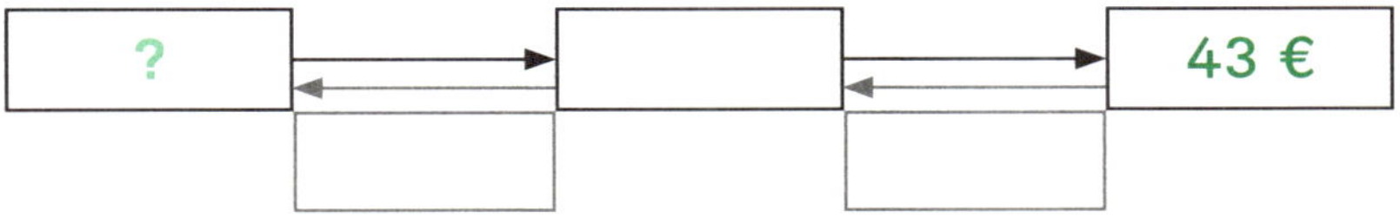

Antwort: ____

____

199 Manuel spart

Manuel spart sein Taschengeld. Wenn er noch 3 € bekommt, hat er einen glatten Eurobetrag, den man ohne Rest durch 6 teilen kann, und der zwischen 40 € und 50 € liegt. Wie viel Euro könnte er im Augenblick haben?

Rechnung:

Antwort: ______________________________

____

200 Ein tolles Spiel

Miriam und Roberto haben für ein tolles Spiel gespart. Miriam hat 3 € weniger als Roberto. Aber zusammen reicht ihr Geld genau. Wie viel Euro hat jeder gespart?

Raum für deine Überlegungen:

Antwort: ______________________________

____

Lösungen

1. Schuljahr

1	Rechnung:	4 € + 2 € + 3 € = 9 €
	Antwort:	Paul gibt 9 € aus.
2	Rechnung:	6 € + 2 € + 3 € = 11 €
	Antwort:	Inas Geld reicht nicht.
3	Rechnung:	10 − 2 − 6 = 2
	Antwort:	Im Bus befinden sich noch 2 Fahrgäste.
4	Rechnungen:	a) 10 − 2 − 3 − 2 − 1 = 2
		b) 2 + 3 + 2 + 1 = 8
		10 − 8 = 2
	Antwort:	Es bleiben 2 Brötchen übrig.
5	Rechnung:	11 + 9 = 20
	Antwort:	Es sind 20 Kinder in der Klasse.
6	Rechnung:	7 + 6 + 5 = 18
	Antwort:	Es sind 18 Blumentöpfe da.
7	Rechnung:	20 − 12 = 8
	Antwort:	In der Bücherkiste befinden sich noch 8 Bücher.
8	Rechnung:	12 − 4 = 8
	Antwort:	8 Kinder sind noch im Schwimmbecken.

9 Rechnung: 20 – 3 = 17
Antwort: 17 Kinder haben keine Badekappe auf.

10 Rechnung: 6 € + 3 € = 9 €
Antwort: Mark muss 9 € bezahlen.

11 Rechnungen: 16 € = 9 € + 7 €
9 € + 7 € = 16 €
16 € – 9 € = 7 €
Antwort: Ihr fehlen noch 7 €.

12 Rechnung: 18 € – 6 € = 12 €
Antwort: Lara hat 12 € übrig.

13 Rechnung: 16 € – 9 € – 5 € = 2 €
Antwort: Es bleiben 2 € übrig.

14 Antwort: Sie können noch 3 Stunden bleiben.

2. Schuljahr

15 Rechnung: 9 + 5 = 14
Antwort: Es sind zusammen 14 Kinder.

16 Rechnung: 24 – 9 = 15
Antwort: Heute haben 15 Ponys Ausgang.

17 Frage: Wie viele Kinder sind noch im Sandkasten?
Rechnung: $23 - 6 = 17$
Antwort: Im Sandkasten sind noch 17 Kinder.

18 Rechnungen:
a) $21 + 25 = 46$ oder

$$\begin{array}{r} 21 \\ +\ 25 \\ \hline 46 \end{array}$$

b)

$$\begin{array}{r} 21 \\ 25 \\ +\ 16 \\ {\scriptstyle 1} \\ \hline 62 \end{array} \quad \text{oder} \quad \begin{array}{r} 46 \\ +\ 16 \\ {\scriptstyle 1} \\ \hline 62 \end{array}$$

Antworten:
a) Jonas und Marie haben zusammen 46 Muscheln gefunden.
b) Im Eimer sind insgesamt 62 Muscheln.

19 Rechnungen:
a) $8 + 5 = 13$
b) $8 + 5 + 10 = 23$ oder $13 + 10 = 23$
c)

$$\begin{array}{r} 8 \\ 5 \\ 10 \\ 32 \\ +\ 35 \\ {\scriptstyle 2} \\ \hline 90 \end{array} \quad \text{oder} \quad \begin{array}{r} 23 \\ 32 \\ +\ 35 \\ {\scriptstyle 2} \\ \hline 90 \end{array}$$

d) $35 + 5 = 40$

Antworten:
a) Die Schwestern sind zusammen 13 Jahre alt.
b) Alle Kinder sind zusammen 23 Jahre alt.
c) Die Familie ist insgesamt 90 Jahre alt.
d) Der Vater ist in 5 Jahren 40 Jahre alt.

20 Frage: Wie viele Steine hat Jannis gesammelt?

Rechnung: $45 - 26 = 19$

Antwort: Jannis hat 19 Steine gesammelt.

21 Rechnung: $17 + 28 + 15 + 29 = 89$
$100 - 89 = 11$
Antwort: Ihr fehlen noch 11 Dinge.

22 Rechnung: $5 \cdot 5 = 25$
Antwort: Auf dem Plakat sind 25 Finger zu sehen.

23 a) Rechnung: $15 : 5 = 3$
Antwort: Jedes Kind bekommt 3 Gutscheine.
b) Rechnung: $25 : 5 = 5$
Antwort: Jedes Kind bekommt 5 Luftballons.

24 Rechnung: $7 \cdot 5 \text{ €} + 3 \cdot 10 \text{ €} = 65 \text{ €}$
Antwort: Carl hat 65 € gespart.

25 Rechnung: $3 \cdot 5 \text{ €} + 6 \cdot 10 \text{ €} = 75 \text{ €}$
Antwort: Caro hat 75 € gespart.

26 Antwort: Tom und Tina haben gleich viel Geld.
(Tom: $3 \cdot 10 \text{ €} = 30 \text{ €}$ Tina: $6 \cdot 5 \text{ €} = 30 \text{ €}$)

27 Rechnung: $18 - 2 = 16$, $16 : 2 = 8$
Antwort: Jan ist 8 Jahre alt.

28 Rechnung: $24 : 4 = 6$
Antwort: Es gibt 6 Gruppentische.

29 Rechnung: $4 \text{ €} : 2 = 2 \text{ €}$ und $10 \text{ €} : 5 = 2 \text{ €}$
Antwort: Keiner hat Recht. Die Bälle kosten immer 2 Euro.

30 Rechnung: $9 \cdot 2 = 18$
$18 + 9 = 27$
Antwort: In die Klasse 2b gehen insgesamt 27 Kinder.

31 Rechnung: $5 \cdot 4 + 5 \cdot 2 = 30$
oder anderer Lösungsweg:
$4 + 2 = 6$; $6 \cdot 5 = 30$
Antwort: Paul muss 30 Räder kaufen.

32 Rechnung: $23 + 1 = 24$; $24 + 4 \cdot 2 = 32$;
$32 : 8 = 4$
Antwort: Leos Vater bringt 4 Packungen Würste mit.

33 a) Rechnung: $3 \cdot 8 € + 3 € = 27 €$
Antwort: Die rote Farbe und die Rolle kosten 27 €.
b) Rechnung: $5 \cdot 4 € + 2 \cdot 2 € = 24 €$
Antwort: Die gelbe und die orange Farbe kosten 24 €.
c) Rechnung: $27 € + 24 € = 51 €$
Antwort: Nein, das Geld der Mädchen reicht nicht.

34 Rechnung: $18\text{ km} : 2 = 9\text{ km}$
$9\text{ km} : 3 = 3\text{ km}$
Antwort: Nach 3 km machen sie die erste Pause.

35 Rechnung: $30 : 6 = 5$
Antwort: Mit Paula zusammen sind es 5 Kinder.

36 Frage: Wie viele Reihen gibt es?
Rechnung: $24 : 6 = 4$
Antwort: Es gibt 4 Reihen.

37 Frage: Wie viele Runden ist Timo gelaufen?
Rechnung: $3 \cdot 5 = 15$
Antwort: Timo ist schon 15 Runden gelaufen.

38 Rechnung: $10 \cdot 3\ m = 30\ m$
$5 \cdot 6\ m = 30\ m$
Antwort: Beide Tischreihen sind gleich lang.

39 Frage: Wie viele Packungen braucht er?
Rechnung: 1 (Tim) $+ 8 = 9$; $9 \cdot 2 = 18$
$18 : 6 = 3$
Antwort: Tim braucht 3 Packungen.

40 Frage: Wie viele Überraschungen hat Tims Mutter versteckt?
Rechnung: $9 \cdot 6 = 54$
Antwort: Tims Mutter hat 54 Überraschungen versteckt.

41 Rechnung: $4 \cdot 7 = 28$
Antwort: Anna muss noch 28 Tage warten.

42 Rechnung: $4 \cdot 7 = 28$; $28 + 3 = 31$
Antwort: Der Drache hat 31 Tage Ferien.

43 Rechnung: $42 : 7 = 6$; $6 : 2 = 3$
Antwort: Paul schreibt seinen Eltern 3 Karten.

44 Rechnung: $1 \cdot 7 = 7$; $7 + 5 = 12$
$12 : 2 = 6$
Antwort: Der Drache braucht für den Rückweg 6 Tage.

45 Rechnungen:
$2 \cdot 5$ Cent $=$ 10 Cent
$3 \cdot 20$ Cent $=$ 60 Cent
$1 \cdot 10$ Cent $=$ 10 Cent
$3 \cdot 5$ Cent $=$ 15 Cent
95 Cent
oder:
10 Cent + 60 Cent + 10 Cent + 15 Cent = 95 Cent
Antwort: Moni muss 95 Cent bezahlen.

46 Rechnungen:

a)
$$\begin{array}{r} 25\ € \\ 37\ € \\ +\ 12\ € \\ {\scriptstyle 1} \\ \hline 74\ € \end{array}$$

b)
$$\begin{array}{r} 100\ € \\ -\ \ 74\ € \\ {\scriptstyle 1\,1} \\ \hline 26\ € \end{array} \quad \text{oder} \quad \begin{array}{r} {\scriptstyle 9} \\ 1\not{0}0\ € \\ -\ \ 74\ € \\ \hline 26\ € \end{array}$$

Antworten:
a) Alle Einkäufe kosten zusammen 74 Euro.
b) Felix' Mutter bekommt 26 Euro zurück.

47 Rechnungen:
1 € = 100 ct
100 ct − 80 ct = 20 ct
6 · 20 ct = 120 ct

Antwort: Sven kann in 6 Tagen 120 Cent sparen.

48 Rechnung: 2 m + 7 m 20 cm = 9 m 20 cm
Antwort: Der Saurier ist 9 m 20 cm lang.

49 Rechnungen:
a) 7 · 5 cm = 35 cm
b) 4 · 5 cm = 20 cm
5 · 5 cm = 25 cm
20 cm + 25 cm = 45 cm
c)
$$\begin{array}{rr} 5 \cdot 5\ \text{cm} = & 25\ \text{cm} \\ 7 \cdot 5\ \text{cm} = & 35\ \text{cm} \\ 4 \cdot 5\ \text{cm} = & 20\ \text{cm} \\ 8 \cdot 5\ \text{cm} = & 40\ \text{cm} \\ & {\scriptstyle 1} \\ \hline & 120\ \text{cm} \end{array}$$
oder 25 cm + 35 cm + 20 cm + 40 cm = 120 cm

Antworten:
a) Mit den gelben Klötzen wird der Turm 35 cm hoch.
b) Der Turm aus roten und blauen Klötzen wird 45 cm hoch.
c) Der Turm wird 120 cm hoch, wenn Benjamin alle Bauklötze verwendet.

50 Antwort: Es ist 20.15 Uhr.

51 Antwort: Max kann noch 15 Minuten schlafen.

52 Hinweg: 7.10 Uhr; 7.25 Uhr; 7.40 Uhr; 7.55 Uhr; 8.10 Uhr
Rückweg: 12.15 Uhr; 12.30 Uhr; 12.45 Uhr; 13.00 Uhr; 13.15 Uhr

53	Antworten:	Waldsee – Altdorf: 25 min Waldsee – Mühlbach: 20 min Waldsee – Vogel-Insel: 60 min Waldsee – Eichstadt: 20 min Waldsee – Wasserburg: 25 min
54	Antworten:	a) Uwe braucht 18 Minuten. b) Uwe läuft 6 Minuten. c) Für den Heimweg braucht Uwe 15 Minuten.
55	Rechnungen:	$5 \cdot 4 = 20$ $20 + 11 + 14 = 45$
	Antwort:	Anne liest in der gesamten Woche 45 Seiten.
56	Antworten:	a) 24; b) 23; c) 78 €
57	Rechnungen:	a) $1 + 2 = 3$ b) $2 + 3 = 5$ c) $1 + 2 + 6\ (2 \cdot 3 = 6) = 9$ d) $1 + 2 + 3 = 6$
	Antworten:	a) Insgesamt muss Lukas seinen Tieren 3 Gurken bringen. b) Die Tiere brauchen insgesamt 5 Mohrrüben. c) Lukas verteilt an seine Haustiere insgesamt 9 Salatblätter. d) Lukas hat 6 Haustiere.
58	Antworten:	a) Die meisten Schüler kommen mit dem Bus zur Schule. b) Die S-Bahn wird am wenigsten genutzt. c) Es kommen insgesamt 20 Kinder mit der S- und U-Bahn zur Schule (5 + 15).

Nr. 59–62

59 Antworten:

a) Die Elefanten und die Ziegen bekommen nur Möhren.

b) Möhren und Äpfel bekommen die Meerschweinchen und die Esel.

c) Der Tierpfleger verteilt insgesamt 60 Möhren.

Rechnung:

$$\begin{array}{r} 25 \\ 15 \\ 8 \\ +\ 12 \\ {\scriptstyle 2} \\ \hline 60 \end{array}$$

d) Die Affen bekommen am meisten zu fressen.

Rechnung: 30 + 5 = 35

60 Antworten:

a) Max hat 10 Tage nach Loni Geburtstag.

b) Eva hat Geburtstag am Samstag, den 2. Mai.

c) Max feiert sein Geburtstagsfest an einem Samstag.

d) Paul hat vier Tage vor dem Fest Geburtstag.

3. Schuljahr

61 Antworten:

a) lösbar (12 Kuchenstücke **:** 6 Freunde = 2 Kuchenstücke pro Freund.
Antwort: Jeder bekommt 2 Kuchenstücke.)

b) nicht lösbar

c) nicht lösbar

d) lösbar (9 € + 8 € = 17 €.
Antwort: Die beiden Sachen kosten 17 €.)

62 Antworten:

a) passt nicht zur Aufgabe

b) passt nicht zur Aufgabe

c) passt zur Aufgabe
(800 g **:** 40 g pro Tag = 20 Tage.
Antwort: Das Futter reicht 20 Tage.)

d) passt nicht zur Aufgabe

63 Diese Fragen kannst du beantworten:

b) Wie viele Tage liegen die Geburtstage der Geschwister auseinander?
20 Tage – 2 Tage = 18 Tage.
Die Geburtstage liegen 18 Tage auseinander.

c) An welchem Wochentag hat Fredi Geburtstag?
Wenn übermorgen Samstag ist, ist heute Donnerstag. In 21 Tagen wäre wieder Donnerstag. Dann ist in 20 Tagen Mittwoch. Fredi hat also Mittwoch Geburtstag.
(Wenn du durch andere Überlegungen zum selben Ergebnis gekommen bist, ist das natürlich auch in Ordnung.)

64
Frage: Wie viel Euro gibt Mutter auf dem Flohmarkt aus?
Rechnung: 32 € + 13 € + 4 € + 3 € = 52 €
Antwort: Mutter gibt auf dem Flohmarkt 52 € aus.
(Wenn deine Frage sinngemäß stimmt, ist das natürlich auch richtig.)

65
Frage: Wie viel Blätter kann Marcel noch benutzen?
Rechnung: 500 Blätter – 184 Blätter = 316 Blätter
Antwort: Marcel kann noch 316 Blätter benutzen.
(Wenn deine Frage sinngemäß stimmt, ist das natürlich auch richtig.)

66
Frage: Wie viel Bilder bekommt jeder seiner Freunde?
Rechnung: 90 Bilder : 3 = 30 Bilder;
60 Bilder : 3 = 20 Bilder;
18 Bilder : 3 = 6 Bilder;
30 Bilder + 20 Bilder + 6 Bilder = 56 Bilder
Antwort: Jeder seiner Freunde bekommt 56 Bilder.
(Wenn deine Frage sinngemäß stimmt, ist das natürlich auch richtig. Es gibt noch mehr Rechenwege, die zum richtigen Ergebnis führen.)

Nr. 67–69

67 Antwoten:

67 Antworten:
a) falsch
b) falsch
c) falsch
d) richtig (235 € – 140 € = 95 €)

68 Diese Aufgaben kannst du ausrechnen:

☒ In einem Jahr bekommt jedes dieser Kinder 156 €.
(Ein Jahr hat 52 Wochen: 52 · 3 € = 156 €)

☒ Insgesamt bekommen sie 21 € pro Woche.
(So viele Kinder bekommen Taschengeld:
28 : 4 = 7; 7 · 3 € = 21 €)

☒ Zusammen bekommen sie in einem Jahr 1 092 €

156 € · 7 =	1 092 €
6 € · 7 =	42 €
50 € · 7 =	350 €
100 € · 7 =	700 €
	1 092 €

Diese Antworten kannst du nicht ausrechnen:

☐ 3 € pro Woche ist viel zu wenig.
(Die Antwort passt nicht zur Aufgabe!)

☐ Wie viel Taschengeld bekommen die anderen 21 Kinder? (Das ist eine Frage und keine Antwort.)

69 Diese Antworten sind richtig:

☒ Das geht nicht. Herr Meier hat sich verrechnet.
Er bekommt weniger als 15 Euro zurück.
50 € – 35,90 € = 14,10 €;
oder 50 € = 5000 ct; 35,90 € = 3590 ct

5000 ct	oder	5000 ct
– 3590 ct		– 3590 ct
1410 ct		1410 ct

☒ Das geht nicht, weil man auf einen solchen Betrag nicht nur mit 50-Cent-Münzen herausgeben kann.
(Herr Meier erhält 14,10 € zurück. Wenn er, wie gewünscht, 5-Euro-Scheine bekommt, beträgt der Rest immer noch 4,10 €. Das können aber nicht nur 50-Cent-Stücke sein.)

Diese Antworten sind nicht richtig:

☐ Das geht nicht, weil der Kassierer keine 50-Cent-Münzen hat. (Niemand weiß, was der Kassierer an Scheinen und Münzen in seiner Kasse hat.)

☐ Das geht, weil der Kassierer genug 5-Euro-Scheine in seiner Kasse hat. (Niemand weiß, was der Kassierer an Scheinen und Münzen in seiner Kasse hat.)

70 Diese Antworten stimmen:

- [X] Wenn ich auf die Pommes verzichte, komme ich mit 5 € aus.
- [X] Ich lasse mich von einem Freund zu einem Glas Wasser einladen, dann reichen 5 €.

Hast du andere Antworten angekreuzt? Dann suche deinen Denkfehler:
(Addiere zunächst alle Preise, um herauszufinden, wie viel du insgesamt ausgibst: Eintritt + Pommes + Ketschup + Wasser. Dazu musst du alles in die gleiche Einheit umrechnen: 30 ct = 0,30 € und 90 ct = 0,90 €

Rechnung 1:

$$\begin{array}{r} 3{,}50\ € \\ 1{,}20\ € \\ 0{,}30\ € \\ +\ 0{,}90\ € \\ \hline 5{,}90\ € \end{array}$$

(Übertrag: 1)

Rechnung 2:

$$\begin{array}{r} 5{,}90\ € \\ -\ 1{,}20\ € \\ \hline 4{,}70\ € \end{array}$$

Rechnung 3:

$$\begin{array}{r} 10{,}00\ € \\ -\ 5{,}90\ € \\ \hline 4{,}10\ € \end{array} \quad \text{oder} \quad \begin{array}{r} \overset{0\,9}{\not{1}\not{0}},00\ € \\ -\ 5{,}90\ € \\ \hline 4{,}10\ € \end{array}$$

(Übertrag: 1 1)

Rechnung 4:

$$\begin{array}{r} 5{,}90\ € \\ -\ 0{,}90\ € \\ \hline 5{,}00\ € \end{array}$$

→ Rechnung 1 beweist: Du brauchst genau 5,90 €. Mit 5 € kommst du also nicht aus.

→ Rechnung 2 zeigt, dass du mit 5 € auskommst, wenn du auf die Pommes verzichtest. Du kannst sogar noch 0,30 € sparen, weil du ohne die Pommes auch kein Ketschup brauchst (4,70 € – 0,30 € = 4,20 €).

→ Rechnung 3 zeigt: Wenn du mit einem 10-Euro-Schein bezahlst, bekommst du 4,10 € zurück, also kannst du keinen 5-Euro-Schein zurückbekommen.

→ Rechnung 4: Wenn dein Freund das Wasser bezahlt, kommst du genau mit 5 € aus.

71 Ich rechne diese Aufgabe mit [·].

Rechnung: 6 · 9 Jahre = 54 Jahre.
Antwort: Onkel Günter ist 54 Jahre alt geworden.

72 Ich rechne diese Aufgabe mit [–].

Rechnung: 72 g – 14 g = 58 g.
Antwort: Der Hamster wog vor einer Woche 58 g.

Nr. 73–78

73 Ich rechne diese Aufgabe mit [+].
Rechnung: 27 Autos + 6 Autos = 33 Autos
Antwort: Er hat jetzt 33 Autos.

74 Ich rechne diese Aufgabe mit [:]
Rechnung: 30 Kugelschreiber : 10 = 3 Kugelschreiber.
Antwort: Jeder Kunde erhält 3 Kugelschreiber.

75 a) Antwort: Übrige Karten von Montag bis Sonntag:
150, 280, 201, 165, 33, 0, 58
b) Antwort: Am Samstag bleiben die wenigsten Karten übrig.
c) Antwort: Am Dienstag bleiben die meisten Karten übrig.

76 Rechnung: 4 · 10 Murmeln = 40 Murmeln;
6 · 100 Murmeln = 600 Murmeln;
40 Murmeln + 600 Murmeln = 640 Murmeln.
Oder, wenn du mit der Stellenwerttafel gelöst hast:

Schachteln (100 Murmeln pro Schachtel)	Säckchen (10 Murmeln pro Säckchen)	einzelne Murmeln
6	4	0

Antwort: Frau Frings verschickt insgesamt 640 Murmeln.

77 Rechnung:
  208 Seiten
+ 159 Seiten
  1
  367 Seiten

Antwort: Das Buch hat 367 Seiten.

78 Rechnung:
  216 Flaschen
+ 174 Flaschen
+ 67 Flaschen
  1 1
  457 Flaschen

Antwort: Es sind insgesamt 457 Flaschen.

Lösungen

79 a) Rechnung:

$$\begin{array}{r} 235 \\ +\,348 \\ +\,406 \\ {\scriptstyle 1} \\ \hline 989 \end{array}$$

Antwort: 989 Kinder besuchten an den drei Tagen den Zirkus.

b) Rechnung:

$$\begin{array}{r} 406 \\ +\,324 \\ {\scriptstyle 1} \\ \hline 730 \end{array}$$

Antwort: Am Sonntag waren 730 Personen im Zirkus.

c) Rechnung:

$$\begin{array}{r} 196 \\ +\,287 \\ {\scriptstyle 1\,1} \\ \hline 483 \end{array}$$

Antwort: Freitag und Samstag waren 483 Erwachsene im Zirkus.

80 Überschlag: 2 € + 1 € + 2 € + 1 € = 6 €
Oder: 2 € + 1 € + 2 € + 1,50 € = 6,50 €

Rechnung:

$$\begin{array}{r} 0{,}85\ € \\ 0{,}85\ € \\ 0{,}99\ € \\ 0{,}79\ € \\ 0{,}79\ € \\ 0{,}39\ € \\ 0{,}39\ € \\ +\,0{,}39\ € \\ {\scriptstyle 5\ \ 6} \\ \hline 5{,}44\ € \end{array}$$

Antwort: Ja, das Geld reicht aus.

81 Rechnung:

$$\begin{array}{r} 108 \\ -\ \ 85 \\ {\scriptstyle 1} \\ \hline 23 \end{array}$$

Antwort: Leon fehlen noch 23 €.

82 Rechnung:

$$\begin{array}{r} 724 \\ -\ 555 \\ {\scriptstyle 1\,1} \\ \hline 169 \end{array} \quad \text{oder} \quad \begin{array}{r} {\scriptstyle 6\,1} \\ \not{7}\not{2}4 \\ -\ 555 \\ \hline 169 \end{array}$$

Antwort: Er muss die Zahl 169 von 724 subtrahieren.

83 Rechnung:

$$\begin{array}{r} 404\ \text{km} \\ -\ 387\ \text{km} \\ {\scriptstyle 1\,1}\phantom{0\ \text{km}} \\ \hline 17\ \text{km} \end{array} \quad \text{oder} \quad \begin{array}{r} {\scriptstyle 9}\phantom{0\ \text{km}} \\ 4\not{0}4\ \text{km} \\ -\ 387\ \text{km} \\ \hline 17\ \text{km} \end{array}$$

Antwort: Der Supermarkt ist 17 km von der Wohnung entfernt.

Nr. 84–89

84 Rechnung:

$$\begin{array}{r} 342\text{ €} \\ -\ 125\text{ €} \\ {}^{1} \\ \hline 217\text{ €} \end{array} \quad \text{oder} \quad \begin{array}{r} 3\overset{3}{\not 4}2\text{ €} \\ -\ 125\text{ €} \\ \hline 217\text{ €} \end{array}$$

und:

$$\begin{array}{r} 217\text{ €} \\ +\ \ 74\text{ €} \\ {}^{1} \\ \hline 291\text{ €} \end{array}$$

Antwort: Manuela hat jetzt 291 € auf ihrem Konto.

85 Rechnung: 6 · 9 = 54
Antwort: Markus muss insgesamt 54 Steine bemalen.

86 Rechnung: Herr Müller + die 7 Schüler der Theater-AG
= 8 Personen
8 · 8 € = 64 €
Antwort: Der Eintritt für alle zusammen kostet 64 €.

87 Rechnung: 5 · 50 Seiten = 250 Seiten
oder: 5 · 5 = 25; 25 · 10 = 250
Antwort: Marcels Buch hat 250 Seiten.

88 Rechnung: 4 · 70 Portionen = 280 Portionen
oder: 4 · 7 = 28; 28 · 10 = 280
Antwort: Das sind insgesamt 280 Portionen.

89 Überlegungen: 7 · 12 Flaschen = 84 Flaschen
oder: 7 · 10 Fl. = 70 Fl.; 7 · 2 Fl. = 14 Fl.;
70 Fl. + 14 Fl. = 84 Fl.
oder: 7 · 2 Fl. = 14 Fl.; 7 · 10 Fl. = 70 Fl.;
14 Fl. + 70 Fl. = 84 Fl.
oder:

·	10	2	
7	70	14	84

oder: 12 Fl. + 12 Fl. + 12 Fl. + 12 Fl. +12 Fl. +
12 Fl. + 12 Fl. = 84 Fl.
(Du merkst hier aber sicher, dass das ein umständlicher Weg ist, weil du viele Rechenschritte brauchst, um zum Ziel zu kommen.)
Antwort: Es sind insgesamt 84 Flaschen.

Lösungen

90 Rechnung: $8 \cdot 10 + 8 \cdot 4 = 112$
oder: $8 \cdot 7 + 8 \cdot 7 = 112$
(Es gibt noch mehr Wege, die zum richtigen Ergebnis führen.)
Antwort: Familie Lebert verbraucht 112 Kerzen.

91 Rechnung: 400 € : 2 = 200 €;
140 € : 2 = 70 €; 16 € : 2 = 8 €;
200 € + 70 € + 8 € = 278 €
(Es gibt noch mehr Wege, die zum richtigen Ergebnis führen.)
Antwort: Jede Familie bezahlt 278 €.

92 Rechnung: 200 € : 2 = 100 €;
20 € : 2 = 10 €; 14 € : 2 = 7 €;
100 € + 10 € + 7 € = 117 €
(Es gibt noch mehr Wege, die zum richtigen Ergebnis führen.)
Antwort: Jede Klasse bekommt 117 €.

93 Rechnung: 600 g : 6 = 100 g;
240 g : 6 = 40 g;
100 g + 40 g = 140 g
(Es gibt noch mehr Wege, die zum richtigen Ergebnis führen.)
Antwort: Jede Figur wiegt 140 g.

94 Rechnung: 140 : 7 = 20;
7 : 7 = 1; 20 + 1 = 21;
also: 147 : 7 = 21
3 Würfel bleiben übrig. (Es gibt noch mehr Wege, die zum richtigen Ergebnis führen.)
Antwort: Ines kann 21 Türme bauen.
3 Würfel bleiben übrig.

95 Rechnung: 44 ct + 66 ct = 110 ct
(oder: $5 \cdot 22$ ct = 110 ct)
Antwort: Er muss 110 Cent (oder 1 Euro und 10 Cent oder 1,10 €) bezahlen.

Nr.
96–102

96 Rechnung: 715 € + 95 € = 810 €
Antwort: Der Zoo muss 810 € bezahlen.

97 Rechnung: 820 € – 45 € = 775 €
Antwort: Im anderen Laden kostet der Computer 775 €.

98 Rechnung:

$$\begin{array}{r} 238\,€ \\ +\ \ 50\,€ \\ \hline 288\,€ \end{array} \qquad \begin{array}{r} 298{,}50\,€ \\ -\ 288{,}00\,€ \\ \hline 10{,}50\,€ \end{array}$$

Antwort: Anja fehlen noch 10,50 €.

99 Rechnung: 12 € : 4 = 3 €
Antwort: Tim erhält pro Woche 3 €.

100 a) Rechnung:

$$\begin{array}{r} 6{,}98\,€ \\ +\ 2{,}95\,€ \\ +\ 3{,}79\,€ \\ {\scriptstyle 1\,2}\quad \\ \hline 13{,}72\,€ \end{array}$$

Antwort: Andrea muss 13,72 € bezahlen.

b) Rechnung:

$$\begin{array}{r} 20{,}00\,€ \\ -\ 13{,}72\,€ \\ {\scriptstyle 1\,1\ 1}\quad \\ \hline 6{,}28\,€ \end{array}$$

Antwort: Sie erhält 6,28 € zurück.

101

Rechnung: 70 ct · 7 = 490 ct;
490 ct = 4 € 90 ct
Antwort: Sie hat 4 € und 90 ct ausgegeben.

102

Frage: Wie viel Geld spart Marias Mutter?
Rechnung: 6 · 4 € = 24 €; 6 · 10 ct = 60 ct;
24 € + 60 ct = 24 € 60 ct oder 24,60 €.
24,60 € – 23 € = 1,60 €
Antwort: Marias Mutter spart 1,60 €.
(Auch für diese Aufgabe gibt es mehrere Lösungswege. Wenn du auf deinem Weg zum richtigen Ergebnis gekommen bist, ist das wunderbar!)

103 27 Kinder kann man in 5 Gruppen zu je 5 Kinder aufteilen, 2 bleiben übrig.

27 : 5 = 5 Rest 2

5 Gruppen zu je 5 Kindern = 25 Kinder.

Diese Kinder müssen nur je 5,50 € bezahlen (Gruppenrabatt). Teile die Aufgabe in Teilaufgaben und addiere diese

25 · 5,50 € =	? €
20 · 5,50 € =	110,00 €
+ 5 · 5,50 € =	27,50 €
25 · 5,50 € =	137,50 €

Zwei Kinder müssen 6,00 € bezahlen: 2 · 6 € = 12,00 €.

Die zwei Lehrer müssen jeweils 7,50 € bezahlen:

7,50 € + 7,50 € = 15,00 €

Popcorn oder Eis für 27 Kinder:

Teile die Aufgabe wieder geschickt in Teilaufgaben, die du am Schluss addierst.

27 · 2,60 € =	? €
10 · 2,60 € =	26,00 €
+ 10 · 2,60 € =	26,00 €
+ 5 · 2,60 € =	13,00 €
2 · 2,60 € =	5,20 €
	70,20 €

137,50 € + 12,00 € + 15,00 € + 70,20 € = 234,70 €

245,35 € – 234,70 € = 10,65 €

Antwort: Ja, das Geld reicht. Es bleiben 10,65 € übrig.

104 Eintrag in die Stellenwerttafel:

	1 km	100 m	10 m	1 m
Lara:	1	0	7	5
Anni:	1	1	2	5

An der 100-m-Spalte erkennst du, dass Annis Weg länger ist. Du kannst natürlich auch so rechnen:

1 125 m – 1 075 m = 50 m.

Antwort: Annis Schulweg ist länger (oder: Annis Schulweg ist 50 m länger).

105 Eintrag in die Stellenwerttafel:

dm	cm
2	6

Antwort: Ingas Mathematikbuch ist 2 dm und 6 cm hoch.

106 Eintrag in die Stellenwerttafel:

	m	10 cm	1 cm
Klassentür:	2	1	0
Länge des Schreibtisches:	1	2	0
Breite des Schreibtisches:	0	7	0

Antwort: Die Klassentür ist 2 m und 10 cm hoch, der Schreibtisch ist 1 m und 20 cm lang und 0 m und 70 cm breit.

107 Rechnung: $8 \cdot 50\ m = 400\ m$
Antwort: Die Strecke ist insgesamt 400 m lang.

108 Rechnung: 96 cm : 4 = 24 cm

$$\begin{array}{r} \underline{8} \\ 16 \\ \underline{16} \\ 0 \end{array}$$

Antwort: Jedes Stück wird 24 cm lang.

109 Überlegungen: drei 2-m-Balken ergeben zusammen 6 m; 2 Balken zu 1,50 m ergeben zusammen 3 m; 4 Balken zu je 1 m ergeben zusammen 4 m;
6 m + 3 m + 4 m = 13 m
Beispiel für eine Zeichnung:

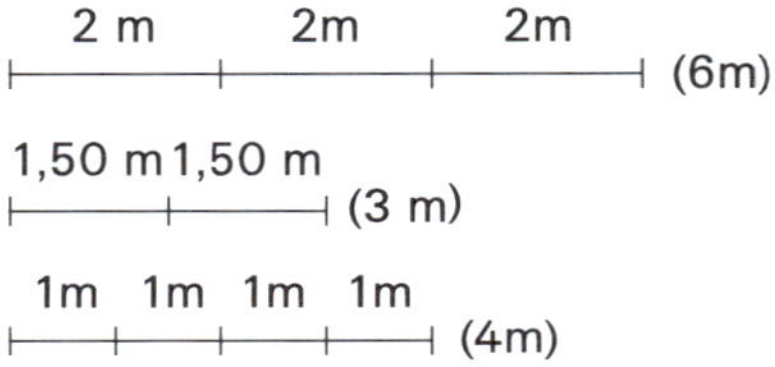

Antwort: Die Strecke wird 13 m lang werden.

110 Rechnung:

Jan: 3,15 m = 315 cm
Lars: 315 cm + 12 cm = 327 cm = 3,27 m
Bettina: 315 cm – 60 cm = 255 cm = 2,55 m

Antwort: Lars hat 3,27 m und Bettina 2,55 m weit geworfen.

111 Rechnung: 48 km : 6 = 8 km
Antwort: Jedes Teilstück ist 8 km lang.

112 Überlegungen:

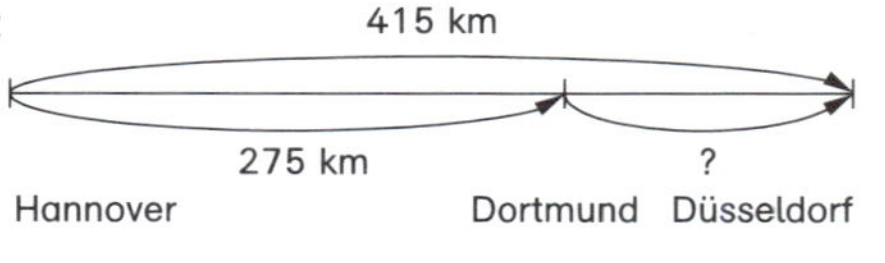

$$\begin{array}{r} 415\ km \\ -\ 275\ km \\ {}^{1} \\ \hline 140\ km \end{array}$$

Antwort: Von Dortmund bis Düsseldorf sind es noch 140 km.

Lösungen

113 a) Überlegungen:

100 m + 100 m + 350 m + 150 m + 300 m
= 1000 m

Falls du eine Skizze angefertigt hast, könnte die so aussehen:

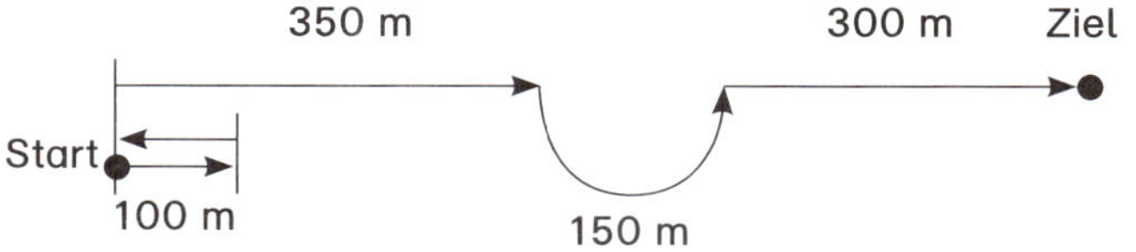

(Wenn du die Lösung durch andere Überlegungen gefunden hast, ist das natürlich genauso gut!)

Antwort: Maria ist 1000 m gegangen, bevor sie bei Lisa ankam.

b) Überlegungen:

Maria musste zusätzlich 200 m gehen (100 m hin und 100 m zurück wegen des Buches) und später noch einmal 150 m wegen der Baustelle. Zusammen sind das 350 m. 1000 m − 350 m = 650 m.

Antwort: Der kürzeste Weg von Maria zu Lisa beträgt 650 m.

114

	1 kg	100 g	10 g	1 g
Mathebuch	0	3	2	2
Trinkflasche	0	5	0	0
Heftmappe	0	3	6	0
zusammen	1	1	8	2

115 Rechnung: Schokolade + Butter + Kaffee

100 g + 250 g + 500 g = 850 g

oder 100 g + 250 g = 350 g;
350 g + 500 g = 850 g

oder 100 g + 500 g = 600 g;
600 g + 250 g = 850 g

oder
```
   100 g
   250 g
 + 500 g
 -------
   850 g
```

(Hast du anders gerechnet, bist aber zum gleichen Ergebnis gekommen? Das gilt natürlich auch!)

Antwort: Ich muss 850 g tragen.

Nr. 116–119

116 Frage: Wie viel wiegt ein Bärenkind?
Rechnung: 33 kg : 3 = 11 kg
Antwort: Ein Bärenkind wiegt 11 kg.

117 Bei dieser Aufgabe kannst du tüfteln, indem du die Menge 105 kg so lange verteilst, dass die beiden Mengen für Hannah und ihre Mutter den Bedingungen der Aufgabe entsprechen. Beispiel:

Hannahs Gewicht (in kg)	Gewicht der Mutter (in kg)
25	80
+ 5 kg	− 5 kg
30	75
Die Bedingung, dass Hannah die Hälfte der Mutter wiegt, ist nicht erfüllt, also rechnen wir weiter. + 5 kg	− 5 kg
35	70
35 ist die Hälfte von 70, denn 35 · 2 = 70. Nun ist die Bedingung erfüllt!	

(Wenn du auf anderem Weg zu diesem Ergebnis gekommen bist, ist das natürlich genauso gut!)

Antworten: a) Hannah wiegt 35 kg.
b) Die Mutter wiegt 70 kg.

118 a) Rechnung: 7 · 100 g + 6 · 25 g + 1 · 250 g =
700 g + 150 g + 250 g = 1 100 g = 1 kg 100 g
Antwort: Insgesamt wurde 1 kg und 100 g Süßes verkauft.
b) 1,100 kg

119 a) Frage: Wie viel wiegt ein Bus?
Rechnung: 2 t · 5 = 10 t
Antwort: Ein Bus wiegt 10 t.
b) Frage: Wie viel wiegt eine Boeing 747?
Rechnung: 25 t · 15

```
25 t · 15
     25
    125
    375 t
```

Antwort: Eine Boeing 747 wiegt 375 t.

Lösungen

120 Rechnung:

$$\begin{array}{r} 250\text{ kg} \\ +\ 190\text{ kg} \\ +\ 380\text{ kg} \\ \hline 820\text{ kg} \end{array} \qquad \begin{array}{r} 1\,000\text{ kg} \\ -\ \ 820\text{ kg} \\ \hline 180\text{ kg} \end{array}$$

Antwort: Es können noch 180 kg Bananen aufgeladen werden.

121 Rechnung:

$$\begin{array}{r} 65\text{ s} \\ -\ 58\text{ s} \\ {}_{1}\quad \\ \hline 7\text{ s} \end{array} \qquad \begin{array}{r} 87\text{ s} \\ -\ 58\text{ s} \\ {}_{1}\quad \\ \hline 29\text{ s} \end{array} \qquad \text{oder} \qquad \begin{array}{r} \overset{5}{\cancel{6}}5\text{ s} \\ -\ 58\text{ s} \\ \hline 7\text{ s} \end{array} \qquad \begin{array}{r} \overset{7}{\cancel{8}}7\text{ s} \\ -\ 58\text{ s} \\ \hline 29\text{ s} \end{array}$$

Antwort: Jenny war 7 s langsamer als Franka. Sara war 29 s langsamer als Franka.

122 Rechnung: 10 min + 2 min + 3 min + 2 min = 17 min
eine Viertelstunde = 15 min

Antwort: Rita ist nicht rechtzeitig fertig geworden.

123 Rechnung:
Staffel 2: 3 min 41 s + 19 s = 4 min
Staffel 3: 3 min 41 s − 8 s = 3 min 33 s
Staffel 4: 3 min 41 s

Antwort: Die Siegermannschaft ist Staffel 3.

124 Rechnung: eine halbe Stunde = 30 min; 30 min − 6 min = 24 min

Antwort: Fredi muss 24 min auf den nächsten Bus warten.

125 Rechnung:
Sommerferien: 6 Wochen = 42 Tage
Herbstferien: 5 Tage
Weihnachtsferien: 11 Tage
Osterferien: 1 Woche = 7 Tage
42 Tage + 5 Tage + 11 Tage + 7 Tage = 65 Tage

Antwort: Es sind insgesamt 65 Ferientage.

Nr. 126–129

126 Rechnungen: a) 6 Wochen = 6 · 7 Tage = 42 Tage,
42 Tage + 4 Tage = 46 Tage

b) 46 · 8 = 368
40 · 8 = 320
6 · 8 = 48

$$\begin{array}{r} 320 \\ +\ 48 \\ \hline 368 \end{array}$$

Antworten: a) Es sind genau 46 Tage.
b) Ich verschlafe in den Sommerferien 368 Stunden.

127

Zeit in s	10	40	60	100 (=1 min. 40 s)
Anzahl der Wassertropfen	1	4	6	10

Antwort: Nach 1 Minute und 40 Sekunden (100 Sekunden) hat Mike 10 Tropfen gesehen.

128 Rechenstrich:

35 min + 20 min = 55 min

Antwort: Der Monteur hat 55 min an der Waschmaschine gearbeitet.

129 So könnte deine Zeichnung aussehen:

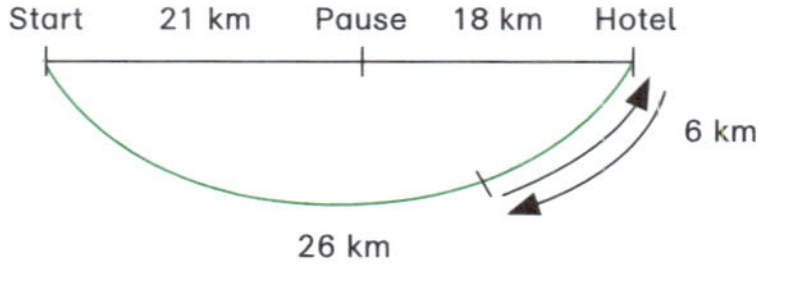

Rechnung 1: 21 km + 18 km + 26 km + 6 km + 6 km = 77 km
Rechnung 2: 77 km − 12 km = 65 km
Antwort 1: Die drei fahren insgesamt 77 km.
Antwort 2: Die Rundstrecke beträgt 65 km.

Lösungen

130 Rechnung:

	Gläser	Packungen	
	6	1	
· 11	66	11	· 11
· 2	132	22	· 2
· 16	96	16	· 16

oder: 132 : 6 = 22
96 : 6 = 16
66 : 6 = 11
11 Pack. + 22 Pack. + 16 Pack. = 49 Pack.
(Wenn du auf anderem Weg zu einem Ergebnis gekommen bist, ist das auch richtig).

Antwort: Herr Müller verkaufte insgesamt 49 Packungen).

131 Überlegungen: Von 14.45 Uhr bis 15.07 Uhr sind es 22 min; von 15.07 Uhr bis 15.13 Uhr sind es 6 min; insgesamt sind das: 22 min + 6 min = 28 min;
28 min + 10 min U-Bahn-Fahrt = 38 min
(Wenn du über andere Rechenwege, z. B. mit dem Rechenstrich, zum richtigen Ergebnis kommst, ist das auch richtig.)

Antwort: Iris ist von der Bushaltestelle bis zu ihrem Ziel 38 min unterwegs.

132 Überlegungen: Die Wanderstrecke ist 6 km und 800 m lang. Jedes Kind geht genau diese Strecke – unabhängig von der Anzahl der Kinder.
Es ist nach der Anzahl der Meter gefragt:
6 km = 6000 m; 6000 m + 800 m = 6800 m.
(Wenn du auf anderem Weg zum selben Ergebnis kommst, ist das auch richtig).

Antwort: Jedes Kind ist 6800 m gegangen.

133 Max geht viermal in der Woche laufen. Jedes Mal läuft er 1 556 m.

Frage: Wie viel Meter läuft Max in der Woche?

Deutung der Signalwörter:

- viermal in der Woche = 4 Tage in der Woche
- jedes Mal = Er läuft am 1. Tag 1 556 m, am 2. Tag 1 556 m, am 3. Tag 1 556 m und am 4. Tag 1 556 m. Er läuft diese Strecke also viermal, deshalb muss sie mit 4 multipliziert werden.

Rechnung: 1 556 m · 4 = 6 224 m

Antwort: Max läuft in der Woche 6 224 m oder 6,2 km.

134 Signalwörter im Aufgabentext: dreimal, zweimal, insgesamt

Rechnungen: 3 · 40 Kästen = 120 Kästen
2 · 30 Kästen = 60 Kästen
120 Kästen + 60 Kästen = 180 Kästen

Antwort: In einem Monat bekommt er 180 Kästen.

135 Die Familien Garner und Habrecht haben für den Urlaub in der Türkei ein Ferienhaus gemietet. Für 3 Wochen müssen sie zusammen 3 324 Euro zahlen.
Wie viel Euro muss jede Familie pro Woche zahlen?

Deutung der Signalwörter:

- für 3 Wochen = Die beiden Familien machen 3 Wochen Urlaub.
- zusammen 3 324 Euro = Beide Familien zahlen den Betrag von 3 324 € für 3 Wochen Urlaub in der Türkei.
- Jede Familie = Familie Garner muss für sich bezahlen und Familie Habrecht muss für sich bezahlen.
- pro Woche = für jede Woche „pro“ bedeutet immer „für“

Berechne zuerst, wie viel beide Familien zusammen in einer Woche zahlen.

Rechnung: 3 324 € : 3 = 1 108 €

Dieser Betrag muss noch durch 2 dividiert werden, da sich die beiden Familien die Miete für das Haus teilen.

Rechnung: 1 108 € : 2 = 554 €

Antwort: Jede Familie muss 554 € pro Woche für das Ferienhaus zahlen.

136 Signalwörter im Aufgabentext: pro; insgesamt

Rechnung: 52 : 4 = 13
68 : 4 = 17
13 + 17 = 30

Antwort: Es befinden sich insgesamt 30 Fenster im Neubau.

137 Frage: In wie viel Minuten fährt der nächste Bus?

Rechnung: 20 min − 6 min = 14 min

Antwort: Der nächste Bus fährt in 14 Minuten.

138 Frage: Wie viel Euro bezahlt Max' Vater für die Kinokarten?

Rechnung: 2 · 4,50 € = 9 €

Antwort: Max' Vater bezahlt 9 € für die Kinokarten.

139 Sarah springt 3,20 m weit. Torben springt 40 cm weniger, also 2,80 m. Julia springt 72 cm weiter als Torben (2,80 m + 0,72 m) = 3,52 m und Markus springt ebenfalls 3,20 m.

Richtige Antworten:

- [x] Markus springt 3,20 m.
- [ ] Torben springt 40 cm weniger als Julia.
- [ ] Markus springt 2,30 m weit.
- [ ] Julia springt 72 cm weit.
- [ ] Die Apfelbachschule springt 3,20 m.

Antwort: Sarah springt 3,20 m weit, Torben 2,80 m, Julia 3,52 m, und Markus auch 3,20 m.

140

Neckar-Schifffahrt

Abfahrt Sonntag	Abfahrt Feiertag
8.45 Uhr	13.12 Uhr
9.30 Uhr	13.57 Uhr
9.45 Uhr	14.12 Uhr
10.05 Uhr	14.32 Uhr
10.20 Uhr	14.47 Uhr
10.45 Uhr	15.12 Uhr
11.30 Uhr	15.57 Uhr

Die Schifffahrt von Neckargröningen nach Benningen dauert immer 1 h 25 min.
Die Fahrt von Bad Cannstatt nach Mühlhausen dauert immer so lange wie die Fahrt von Hoheneck nach Benningen, nämlich 45 min. Das Schiff ist insgesamt 2 h 45 min unterwegs.

141 Text a) ist der passende Aufgabentext.

142 Text c) ist der passende Aufgabentext.

143 Rechenbaum:

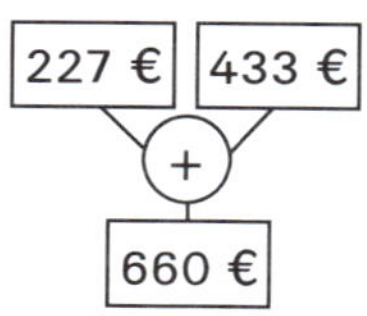

Rechnung: 227 € + 433 € = 660 €
Antwort: Olaf hatte ursprünglich 660 € auf seinem Konto.

144 Rechenbaum:

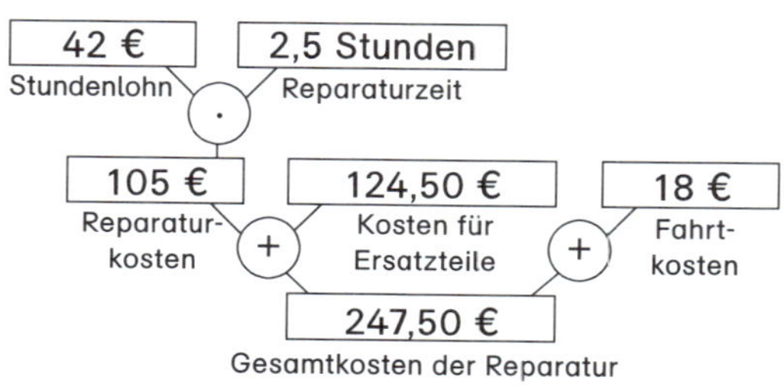

Rechnung: 42 € · 2,5 = 105 €; 105 € + 124,50 € + 18 € = 247,50 €
Antwort: Die Reparatur der Spülmaschine kostet insgesamt 247,50 €.

145 Bei dieser Rechnung musst du das Minus-Zeichen benutzen.

Rechenbaum:

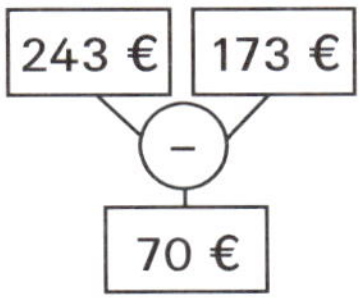

Antwort: Miras Patenonkel hat ihr 70 € geschenkt.

146 Die Klasse 4a hat 26 Schüler (13 Jungen und 13 Mädchen).
Die Klasse 4b besteht aus 17 Mädchen.
15 Schüler haben ein Geschwisterkind.
Die Klasse 4c hat 11 Mädchen und 13 Jungen. Die Klasse 4d hat weniger Mädchen als Jungen.

147 a) Rechnung: $18 + 20 + 12 + 6 = 56$
Antwort: Am Tag der Umfrage wurden insgesamt 56 Trinkpäckchen verbraucht.

b)

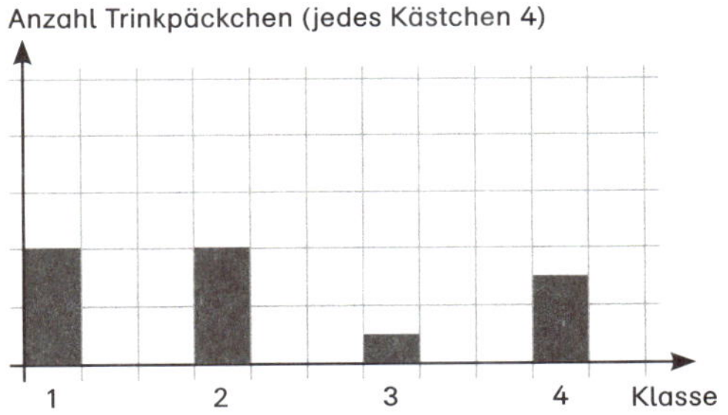

148

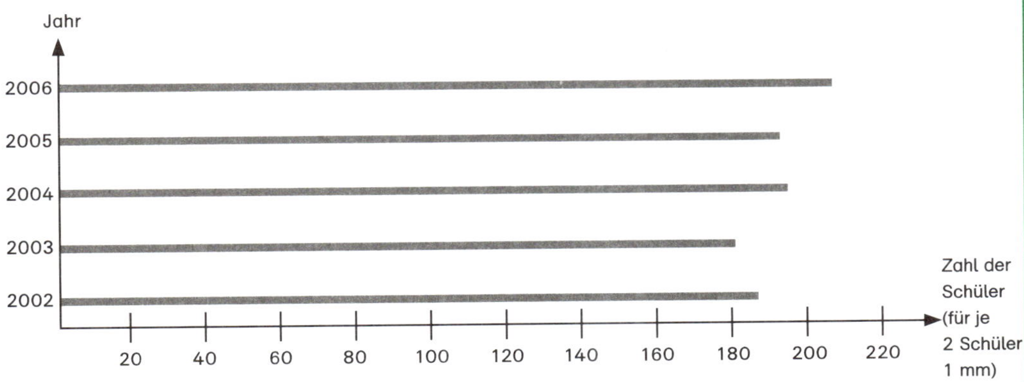

Nr. 149–153

149 20 € Stundenlohn

Arbeitszeit	30 min	1 h	1 h 30 min
Kosten	10 € (die Hälfte von 20 €)	20 €	30 € (20 € + 10 €)

2 h 30 min	3 h
50 € (20 € + 20 € + 10 €)	60 € (20 € + 20 € + 20 €)

150
Frage: Wie viel Euro erhält Herr Müller zurück?
Rechnung: 151,50 € + 10,95 € + 36,80 € = 199,25 €
200 € – 199,25 € = 0,75 €
Antwort: Herr Müller erhält 0,75 Euro zurück.

151
(K. = Kinder)
Rechnung: 26 K. + 24 K.+ 23 K. = 73 K.
73 · 3 € = 219 €
Erwachsene: 7 · 6 € = 42 €
219 € + 42 € = 261 €
Antwort: Die Fahrt kostet insgesamt 261 Euro.

152
Frage: Wie viele Schläger und Bälle erhält jede Klasse?
Rechnung: 32 : 8 = 4 (Schläger werden auf 8 Klassen verteilt)
3 · 4 = 12 (für jeden Schläger in der Klasse gibt es 3 Bälle)
Antwort: Jede Klasse erhält 4 Schläger und 12 Bälle.

153
Rechnung:

```
    3,56 €
+   3,56 €
+  16,99 €
+   9,99 €
   2 3  3
----------
   34,10 €
```

Antwort: Mika muss insgesamt 34,10 € bezahlen.

Lösungen

154 Frage: Wie viel Euro fehlen Herrn Spatz noch?

Rechnung:

```
   21 589,98 €        oder     ¹
 –  9 568,45 €                 2̸1 589,98 €
    ¹                        –  9 568,45 €
 – 12 021,53 €                 12 021,53 €
```

Antwort: Herrn Spatz fehlen noch 12 021,53 €.

155 Rechnung: 159 · 30 ct = 4 770 ct
(100 ct = 1 €), also
4 770 ct = 47,70 €
Antwort: Lukas nahm 47,70 € ein.

156 Frage: Wie viel Euro nahm der Zirkus ein?
Rechnung: 73 · 13 € = 949 €
98 · 6 € = 588 €
949 € + 588 € = 1 537 €
Antwort: Der Zirkus nahm 1 537 € ein.

157 Frage: Wie viel Euro wurden eingenommen?
Rechnung: 115 · 106 € = 12 190 €
(Fernseher, die für 106 € verkauft wurden)
6 · 96 € = 576 €
(Fernseher, die 10 € günstiger verkauft wurden)
12 190 € + 576 € = 12 766 €
Antwort: Es wurden 12 766 € eingenommen.

158 Rechnung: 1 € = 100 ct, also 4,75 € = 475 ct
4,75 € · 23 = 109,25 €
oder ohne Komma:
475 ct · 23 = 10 925 ct
100 ct = 1 €, also 10 925 ct =
109,25 €
Antwort: Die Lehrerin muss 109,25 € einsammeln.

159 Rechnung:

```
4,568 km · 4
   18,272 km
```

Antwort: In einem Monat läuft Johannes 18,272 km.

160 a) Rechnung: 2 648 : 4 = 662
Antwort: 662 Platten passen in eine Reihe.
b) Rechnung: 2 648 : 8 = 331
Antwort: 331 Platten passen in eine Reihe.

161 Frage: Wie viele Minuten sind 1 140 Sekunden?
Rechnung: Überlegung: 1 min = 60 s
(1 140 s verteilt auf 60-s-Abschnitte)
1 140 s : 60 s = 19
Antwort: 1 140 Sekunden sind 19 Minuten.

162 Frage: Wie viel Euro erhält jede Klasse?
Rechnung: 2 476 € – 218 € = 2 258 €
2 258 € : 9 = 250 € + 8 : 9 oder 250 € Rest 8
Antwort: Jede Klasse erhält 250 €. 8 € bleiben übrig.

163 Rechnung: 53 525 Plätze : 6 = 8 920 Plätze + 5 : 6
oder 8 920 Rest 5
Antwort: Nein, denn die Blöcke können bei dieser Planung nicht gleich groß sein. Ein Platz mehr wäre gut!

164 Rechnung:
```
686 : 6 = 114 R 2
6
—
08
 6
——
 26
 24
———
  2
```
Antwort: Es können 114 Beutel gefüllt werden. 2 Pralinen bleiben übrig.

165 Frage: Wie viel müssten sie bei den verschiedenen Angeboten monatlich jeweils bezahlen?
Rechnung: Bei 3 Monatsraten: 1 017 € : 3 = 339 €
Bei 5 Monatsraten: 1 025 € : 5 = 205 €
Bei 7 Monatsraten: 1 036 € : 7 = 148 €
Antwort: Sie müssten pro Monat 339 €, 205 € oder 148 € bezahlen.

166 Rechnung: Überlegung: Wenn 8 Kisten 10,56 € kosten, dann kosten 4 Kisten 5,28 €, 2 Kisten 2,64 € und 1 Kiste 1,32 €.

Oder anderer Rechenweg:

1 € = 100 ct,
also 10,56 € = 1 056 ct
1 056 ct : 8 = 132 ct
132 ct : 6 = 22 ct

Antwort: Eine Flasche kostet 22 ct.

167 Rechnung:

```
76,20 € : 6 = 12,70 €
6
─
16
12
──
 42
 42
 ──
  00
   0
  ──
   0
```

Antwort: Jeder muss genau 12,70 € bezahlen.

168 a) Rechnung:

```
16 · 6 Flaschen
───────────────
   96 Flaschen
```

Antwort: Es sind insgesamt 96 Flaschen.

b) Rechnung:

```
3,90 € = 390 ct; 390 ct : 6 = 65 ct
                 36
                 ──
                  30
                  30
                  ──
                   0
```

Antwort: Eine Flasche kostet 65 ct oder 0,65 €.

Nr.
169–171

169 Frage: Wie viele Scheine und Münzen bekommt Eva?
Rechnung: Eva hat zusammen 26,46 €. Sie bekommt:

Antwort: Sie bekommt einen 20-Euro-Schein, einen 5-Euro-Schein, ein 1-Euro-Stück, zwei 20-Cent-Stücke, ein 5-Cent- und ein 1-Cent-Stück.

170 a) Rechnung:

$$\begin{array}{r} 0{,}89\ € \\ +\ 1{,}05\ € \\ +\ 1{,}17\ € \\ \hline 3{,}11\ € \end{array}$$

Antwort: Im Supermarkt muss ich 3,11 € bezahlen.

b) Rechnung:

$$\begin{array}{r} 0{,}98\ € \\ +\ 0{,}95\ € \\ +\ 1{,}26\ € \\ \hline 3{,}19\ € \end{array}$$

Antwort: Im Kaufhaus kostet es 3,19 €.

c) Rechnung: 3,19 € – 3,11 € = 0,08 €
Antwort: Im Supermarkt spare ich 0,08 €.

171 a) Rechnung:

$$\begin{array}{r} 4{,}15\ € \\ +\ 21{,}50\ € \\ +\ 9{,}75\ € \\ \hline 35{,}40\ € \end{array}$$

Antwort: Vor dem Sonderangebot müsste sie 35,40 € bezahlen.

b) Rechnung:

$$\begin{array}{r} 3{,}75\ € \\ +\ 18{,}90\ € \\ +\ 7{,}80\ € \\ \hline 30{,}45\ € \end{array}$$

Antwort: Beim Sonderangebot müsste Sie 30,45 € bezahlen.

c) Rechnung:

$$\begin{array}{r} 35{,}40\ € \\ -\ 30{,}45\ € \\ \hline 4{,}95\ € \end{array}$$

Antwort: Sie hat 4,95 € gespart.

172 Frage: Wie viel Euro bezahlt Frau Schmidt für alles?

Rechnung: Alles in € umwandeln.
0,85 € + 0,85 € + 3,30 € +
1,80 € + 1,80 € + 0,90 € +
7,50 € + 4,20 € + 1,50 € +
1,50 € = 24,20 €

Antwort: Frau Schmidt bezahlt für alles 24,20 €.

173 a) Rechnung: 6 · 25 ct + 4 · 125 ct + 275 ct =
= 150 ct + 500 ct + 275 ct =
= 925 ct =
= 9,25 €

Antwort: Frau Koch muss 9,25 € bezahlen.

b) Rechnung: 50 € – 9,25 € = 40,75 €

Antwort: Sie bekommt 40,75 € zurück.

174 a) Rechnung: 425 m · 15 = 6375 m = 6,375 km

b) Rechnung: 425 m · 18 = 7650 m = 7,650 km

c) Rechnung: 10,000 km – 6,375 km = 3,625 km
10,000 km – 7,650 km = 2,350 km

a) Antwort: Martin fehlen noch 3,625 km,

b) Antwort: Peter fehlen noch 2,350 km.

175 Rechnung: 872 km · 16 = 13 952 km;
804 km · 4 = 3 216 km
13 952 km + 3 216 km = 17 168 km

Antwort: Die Reise war insgesamt 17 168 km lang.

176 a) umwandeln in m: 2 km = 2 000 m;
4 km und 350 m = 4 350 m

Rechnung: 3 500 m + 2 000 m + 4 350 m
= 9 850 m

$$\begin{array}{r} \underline{9850\ \text{m} \cdot 2} \\ 19700\ \text{m} \end{array}$$

umwandeln: 19 700 m = 19 km und 700 m

Antwort: Rebecca fährt insgesamt 19 km und 700 m.

b) Rechnung: 2 000 m + 4 350 m = 6 350 m

$$\begin{array}{r} \underline{6350\ \text{m} \cdot 2} \\ 12700\ \text{m} \end{array}$$

umwandeln: 12 700 m = 12 km und 700 m = 12,700 km

Antwort: Manuel fährt insgesamt 12,700 km.

c) Rechnung:

$$\begin{array}{r} \underline{4350\ \text{m} \cdot 2} \\ 8700\ \text{m} \end{array}$$

Antwort: Carsten legt insgesamt 8 700 m zurück.

177 Rechnung:

$$\begin{array}{r} 0{,}125\ \text{kg} \\ 0{,}125\ \text{kg} \\ 0{,}125\ \text{kg} \\ 0{,}125\ \text{kg} \\ 0{,}100\ \text{kg} \\ 0{,}100\ \text{kg} \\ 0{,}100\ \text{kg} \\ 0{,}250\ \text{kg} \\ 0{,}060\ \text{kg} \\ +\ 0{,}400\ \text{kg} \\ \underline{{\scriptstyle 1\ \ 2\ 2}\qquad} \\ 1{,}510\ \text{kg} \end{array}$$

Antwort: Verena hat 1,510 kg getragen.

178 a) Rechnung: $250\ \text{g} + 125\ \text{g} + \frac{1}{2}\ \text{kg} + 135\ \text{g} = 1010\ \text{g} = 1{,}010\ \text{kg}$

Antwort: Das Päckchen wiegt 1 kg 10 g.

b) Rechnung: 2000 g – 1010 g = 990 g

Antwort: Es könnten noch 990 g zugepackt werden.

179 Rechnung:

$$\begin{array}{r} \underline{115\ \text{g} \cdot 15} \\ 115 \\ \underline{575} \\ 1725\ \text{g} = 1{,}725\ \text{kg} \end{array}$$

Antwort: Alle Pfirsiche zusammen wiegen 1 kg und 725 g (1,725 kg).

180 a) Rechnung:

$$\begin{array}{r} 81{,}750\text{ kg} \\ +\quad 65{,}800\text{ kg} \\ +\ 925{,}000\text{ kg} \\ +\quad 77{,}000\text{ kg} \\ \scriptstyle 1\,2\,1\,1 \\ \hline 1149{,}550\text{ kg} \end{array}$$

Antwort: Die Kisten wiegen insgesamt 1149,550 kg.

b) Rechnung:

$$\begin{array}{r} 1500{,}000\text{ kg} \\ -\ 1149{,}550\text{ kg} \\ \scriptstyle 1\,1\,1\ \ 1 \\ \hline 350{,}450\text{ kg} \end{array}$$

Antwort: Es können noch 350,450 kg zugeladen werden.

181 a) umwandeln: $\frac{1}{4}$ l = 250 ml
Rechnung: 250 ml − 237 ml = 13 ml
Antwort: 13 ml Wasser sind verdunstet.

b) 13 ml = 0,013 l

182 a) Rechnung: 1250 ml + 1500 ml + 700 ml = 3450 ml = 3,450 l
Antwort: Das sind 3,450 l.

b) Rechnung: 5000 ml − 3450 ml = 1550 ml = 1,550 l
Antwort: Es bleiben 1,55 l im Kanister.

183 umwandeln: $\frac{1}{8}$ l Milch = 125 ml Milch
Rechnung: 125 ml · 5 = 625 ml
umwandeln: 625 ml = 0,625 l
Antwort: Mutter verbraucht im Jahr 0,625 l Milch für ihren Lieblingskuchen.

184 Abkürzung für Stunde = h
Rechnung: 10 · 24 h = 240 h;
240 · 60 min = 14400 min
4 · 60 min = 240 min;
240 · 60 s = 14400 s
Antwort: Tim hatte vor 14400 Minuten, Rebecca hat in 14400 Sekunden Geburtstag.

185 7.45 Uhr → 8.30 Uhr → 8.35 Uhr →
9.20 Uhr → 9.40 Uhr → 10.25 Uhr

186 8.45 Uhr → 9.05 Uhr → 9.35 Uhr →
10.35 Uhr → 11.45 Uhr → 12.30 Uhr

187 Überlegungen: Clara: 16 Minuten vor 15.00 Uhr = 14.44 Uhr
Marc: 22 Minuten vor 15.00 Uhr = 14.38 Uhr
Antwort: Clara muss um 14.44 Uhr, Marc um 14.38 Uhr losgehen.

188 Antwort: Es ist dann 19.13 Uhr.

189 Rechnung:
9.15 Uhr + **45 min** = 10.00 Uhr
10.00 Uhr + **60 min** = 11.00 Uhr
11.00 Uhr + **5 min** = 11.05 Uhr

45 min + 60 min + 5 min = 110 min
110 min – 20 min (Pause) = 90 min

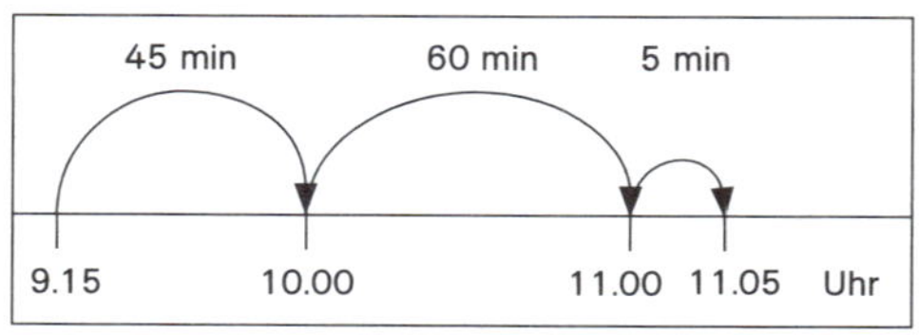

Antwort: Die reine Fahrzeit beträgt 90 Minuten.

190

Nagerglück (2 kg)	Sparmeister (3 kg)	Kaninchentraum (5 kg)
2,66 €	3,75 €	6,30 €
:2	:3	:5
1,33 €	1,25 €	1,26 €

Antwort: Das „Sparmeister-Futter" ist am günstigsten. „Nagerglück" ist am teuersten.

191 Rechnung:
Eintritt bei einer 10er-Karte: 10,20 € : 10 = 1,02 €
Eintritt bei einer Monatskarte: 18,20 € : 20 = 0,91 €
Normale Karte (1-mal): 1,50 €

Antwort: Bei einer 10er-Karte kostet der Eintritt 1,02 € pro Besuch. Bei einer Monatskarte kostet der Eintritt 0,91 € pro Besuch.

192 Überlegungen: 70 Trinkpäckchen wurden für 21 € = 2 100 ct gekauft.
21 € : 70 = 0,30 € oder 2 100 ct : 70 = 30 ct kostet 1 Päckchen.
Klassenkasse 4a: 0,3 € · 30 = 9 € oder 30 ct · 30 = 900 ct
Klassenkasse 4b: 0,3 € · 40 = 12 € oder 30 ct · 40 = 1 200 ct
Antwort: Klasse 4a bezahlt 9 €, Klasse 4b 12 €.

193 Frage: Wie viel l Benzin verbrauchte er auf 385 km?
Rechnung: Rechenweg 1:

Strecke (km)	Benzin (l)
100	**6,4**
300	19,2
50	3,2
30	1,92
5	0,32

Rechenweg 2:
Für 300 km braucht er 3 · 6,4 l = 19,2 l.
Für 30 km braucht er 19,2 l : 10 = 1,92 l.
Für 50 km braucht er 6,4 l : 2 = 3,2 l.
Für 5 km braucht er 3,2 l : 10 = 0,32 l.
Beide Rechenwege:
19,2 l + 1,92 l + 3,2 l + 0,32 l = 24,64 l
Antwort: Er verbrauchte 24,64 l auf 385 km.

194 Frage: Wie viele Stunden brauchen 10 Lkw?
Überlegung: 10 Lkw brauchen doppelt so viel Zeit wie 20 Lkw, also 12 · 2 Stunden = 24 Stunden.
Antwort: 10 Lkw benötigen 24 Stunden.

195 Rechnung: 26 ←(: 4)— 104 ←(+ 8)— 96 ←(· 2)— 48
Antwort: Meine Zahl heißt 26.

196 Rechnung: 12 ←(+ 3)— 9 ←(− 5)— 14 ←(· 2)— 7
Antwort: Am Anfang hatte Adriana 12 Bonbons.

197

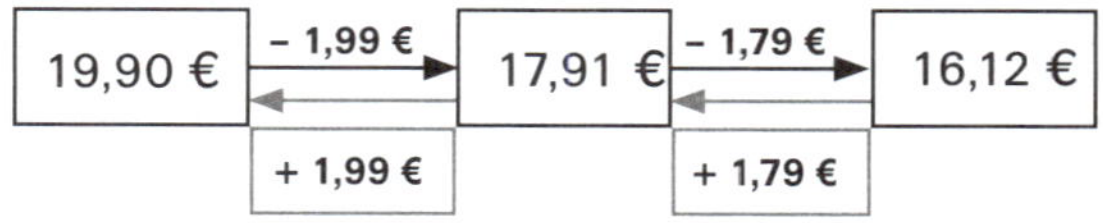

Rechnung: 16,12 € + 1,79 € = 17,91 €
17,91 € + 1,99 € = 19,90 €

Antwort: Ursprünglich hat die CD 19,90 € gekostet.

198

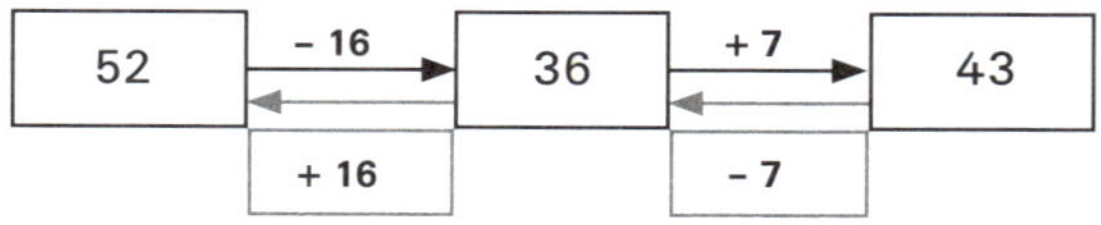

Rechnung: 43 – 7 = 36; 36 + 16 = 52

Antwort: Der Turm bestand ursprünglich aus 52 Steckwürfeln.

199

Rechnung: Überlege:
Welche Zahl, zu der man 3 addiert, ist größer als 40 (> 40) und kleiner als 50 (< 50) und kann dann auch noch ohne Rest durch 6 geteilt werden?
42 und 48
$40 < 42 < 50$ und $40 < 48 < 50$;
42 – 3 = 39; 48 – 3 = 45

Antwort: Im Augenblick könnte Manuel 39 € oder 45 € haben.

200

Rechnung: Wenn beide gleich viel Geld hätten, hätte jeder 8,95 € (= 17,90 € : 2).
Ziehst du von Miriams Hälfte nun 1,50 € ab und gibst diese 1,50 € zu Robertos Hälfte hinzu, beträgt nun der Unterschied 3 €.
8,95 € – 1,50 € = 7,45 €;
8,95 € + 1,50 € = 10,45 €.

Antwort: Roberto hat 10,45 €, Miriam hat 7,45 € gespart.

Quellenverzeichnis:

Die Textaufgaben für das 1. bis 4. Schuljahr wurden folgenden Bänden entnommen:
„Plus und Minus bis 20 1. Schuljahr“,
„So werde ich spitze! Rechnen bis 20 1. Schuljahr“,
„Rechnen mit Geld, Längen und Zeit 2. Schuljahr“,
„Lernstandstest Mathematik 2. Schuljahr“,
„Plus und Minus bis 100 2. Schuljahr“,
„So werde ich spitze! Plus und Minus bis 100 2. Schuljahr“,
„So gut bin ich! Das kleine Einmaleins 2./3. Schuljahr“,
„So werde ich spitze! Das kleine Einmaleins 2./3. Schuljahr“,
„Das große Trainingsbuch Mathematik 3. Schuljahr“,
„Lernstandstest Mathematik 3. Schuljahr“,
„So gut bin ich! Rechnen mit Größen 3. Schuljahr“,
„So gut bin ich! Textaufgaben 3. Schuljahr“,
„Textaufgaben 3. Schuljahr“,
„Das große Trainingsbuch Mathematik 4. Schuljahr“,
„Ich komme ins Gymnasium! Mathematik. Der komplette Lernstoff 4. Schuljahr“
„Ich komme ins Gymnasium! Textaufgaben intensiv 4. Schuljahr“,
„So gut bin ich! Alle Rechenarten 4. Schuljahr“,
„So gut bin ich! Textaufgaben 4. Schuljahr“.